# 疏排桩-土钉墙组合支护技术研究与应用

吴忠诚　著

U0285185

中国建筑工业出版社

**图书在版编目（CIP）数据**

疏排桩-土钉墙组合支护技术研究与应用/吴忠诚
著. —北京：中国建筑工业出版社，2016.4
ISBN 978-7-112-19101-7

Ⅰ. ①疏… Ⅱ. ①吴… Ⅲ. ①支护桩-研究
Ⅳ. ①TU473

中国版本图书馆 CIP 数据核字（2016）第 033925 号

本书分析了疏排桩-土钉墙组合支护技术的作用机理，推导出了相应的计算方法，通过
工程实践、数值模拟和理论计算的分析对比，形成了一套从设计、施工到检测监测的完整
支护新工法。全书共分为 7 章，内容包括：绪论、疏排桩-土钉墙组合支护技术机理及影响
因素、理论分析与计算、原位测试、数值计算、支护工法，结论等。

本书适合从事岩土工程设计、施工技术人员以及高校师生学习参考。

责任编辑：王　梅　杨　允
责任设计：董建平
责任校对：陈晶晶　张　颖

**疏排桩-土钉墙组合支护技术研究与应用**
吴忠诚　著

＊

中国建筑工业出版社出版、发行（北京西郊百万庄）
各地新华书店、建筑书店经销
霸州市顺浩图文科技发展有限公司制版
北京云浩印刷有限责任公司印刷

＊

开本：787×1092 毫米　1/16　印张：7½　字数：181 千字
2016 年 7 月第一版　2016 年 7 月第一次印刷
定价：**28.00** 元
ISBN 978-7-112-19101-7
（28414）

# 前　　言

疏排桩-土钉墙组合支护技术是在综合了复合土钉墙支护技术及桩锚（撑）支护技术各自优缺点的基础上，充分调动了在位移可控的前提下土的内力对支护体系的贡献，大大的节约了成本并缩短了工期。

本书从拱理论、土压力、稳定性及变形等理论进行研究，在参考国内外文献的基础上，提出了一种新的疏排桩-土钉墙支护技术。本书通过几个深基坑的大型现场测试、三维有限元分析方法等手段，系统地研究了该支护技术的整体稳定性、内部稳定性、局部强度校核及土压力、塑性发展进程、破裂面及可能的破裂面形式等方面的问题；还探讨了该支护技术中各实体参数如疏排桩、土钉、锚索、止水桩等所起的主要作用、分布规律及相互关系；并在此基础上形成了一套从设计、施工到监测检测的完整且具有较高理论、实用价值的新工法体系（专利号：ZL 201220234163.2）。

深圳市鼎邦工程公司作为该专利技术的持有者，近几年来已在深圳市天利二期基坑、防城港基坑、深圳市假日广场基坑、泉州市万达广场基坑等项目中应用了该技术，总产值达 6000 万元，较桩锚支护法节省投资近 2000 万元，获得了很高的经济和社会价值。本技术荣获中冶集团科学技术奖二等奖，被评价为部分国际领先、整体国际先进，取得了行业内较高的认可。

本书在编写过程中获得很多老师、领导、师弟、同事及朋友们的关心与帮助。首先要感谢尊敬的博士生导师汤连生教授，本书从选题、写作到最后的分析修改都得到了汤教授的悉心指导；还要感谢以前单位的领导杨志银教授，杨院长从资金、试验方案、理论基础等方面都给予无私的支持与指导，对此我将铭记于心；还有李春光博士在有限元计算方面给予了指点；师弟廖化荣、张庆华、廖志强、凌造，吴少勇，同事汪新平、李良祥、衣惠辉、袁卫春等在编辑、现场试验等过程中提供了无私帮助。感谢天利集团的陈永刚总经理、益田房地产集团初总工、防城港胡健总等在现场提供的大量方便协助，保证了试验的顺利进行。最后，要特别感谢我的父母与亲人，正是你们无私的奉献、亲切的关怀和谆谆教导使我能够在二十余载的寒窗苦读中孜孜不倦，不断进取。

# 目　　录

第1章　绪论 ································· 1

　1.1　土钉墙支护技术 ······················· 1

　1.2　疏排桩支护技术 ······················· 4

　1.3　土拱效应 ··························· 5

　1.4　疏排桩-土钉墙组合支护 ···················· 7

第2章　疏排桩-土钉墙组合支护技术机理及影响因素 ··········· 8

　2.1　疏排桩-土钉墙组合支护的构成 ················· 8

　2.2　疏排桩-土钉墙组合支护的作用机理 ··············· 11

　2.3　疏排桩-土钉墙组合支护的影响因素 ··············· 13

　2.4　小结 ···························· 16

第3章　疏排桩-土钉墙组合支护的理论分析与计算 ············ 17

　3.1　土压力特性研究与计算 ···················· 17

　3.2　稳定性分析及计算 ······················ 28

　3.3　变形特性分析及计算 ····················· 34

　3.4　小结 ···························· 38

第4章　疏排桩-土钉墙组合支护的原位测试 ··············· 39

　4.1　测试项目及目的 ······················· 39

　4.2　测试依据及标准 ······················· 39

　4.3　假日广场基坑工程原位测试 ·················· 40

　4.4　天利中央商务广场（二期）基坑工程原位测试 ·········· 48

　4.5　卓越皇岗世纪中心基坑工程原位测试 ·············· 62

　4.6　疏排桩-土钉墙组合支护性能分析 ··············· 72

　4.7　小结 ···························· 73

第5章　疏排桩-土钉墙组合支护的数值计算 ··············· 74

　5.1　数值计算目的 ························ 74

　5.2　FLAC-3D的适用性 ······················ 74

　5.3　模型的建立 ························· 75

　5.4　FLAC-3D模拟结果及对比分析 ················· 79

5.5　桩后土压力、桩身位移、桩身弯矩及土钉拉力随开挖深度变化特性分析⋯⋯⋯ 86

5.6　桩间距、桩嵌固深度、土钉拉力、土层性质与土压力及变形的敏感性分析⋯⋯ 87

5.7　小结⋯⋯⋯⋯⋯⋯⋯⋯⋯⋯⋯⋯⋯⋯⋯⋯⋯⋯⋯⋯⋯⋯⋯⋯⋯⋯⋯⋯⋯⋯⋯ 89

**第6章　疏排桩-土钉墙组合支护工法**⋯⋯⋯⋯⋯⋯⋯⋯⋯⋯⋯⋯⋯⋯ 91

6.1　疏排桩-土钉墙组合支护技术　⋯⋯⋯⋯⋯⋯⋯⋯⋯⋯⋯⋯⋯⋯ 91

6.2　疏排桩-土钉墙组合支护技术的设计计算与实用程序　⋯⋯⋯⋯ 94

6.3　疏排桩-土钉墙组合支护技术的实施⋯⋯⋯⋯⋯⋯⋯⋯⋯⋯⋯⋯ 100

6.4　疏排桩-土钉墙组合支护监测及检验⋯⋯⋯⋯⋯⋯⋯⋯⋯⋯⋯⋯ 101

6.5　小结　⋯⋯⋯⋯⋯⋯⋯⋯⋯⋯⋯⋯⋯⋯⋯⋯⋯⋯⋯⋯⋯⋯⋯⋯⋯ 101

**第7章　结论**⋯⋯⋯⋯⋯⋯⋯⋯⋯⋯⋯⋯⋯⋯⋯⋯⋯⋯⋯⋯⋯⋯⋯⋯ 102

**参考文献**⋯⋯⋯⋯⋯⋯⋯⋯⋯⋯⋯⋯⋯⋯⋯⋯⋯⋯⋯⋯⋯⋯⋯⋯⋯⋯ 106

# 第1章 绪 论

## 1.1 土钉墙支护技术

### 1.1.1 土钉支护的发展与应用

土钉（Soil Nailing）支护技术是 20 世纪 70 年代才发展起来的一种支护技术，虽然其应用时间并不长，但近几十年来已在国内外得到迅速发展，其广泛的应用大大推动了对该技术的研究。目前国内外已在土钉支护技术方面取得了大量的研究成果[1-4]。

最早对土钉支护技术进行系统研究的是德国，法、美、英等国也先后开展了这方面的研究。在工程中应用土钉支护技术始于 1972 年，法国著名的承包商 Bouygues 将新奥法隧道施工的经验推广用于边坡开挖以保持边坡稳定，在法国凡尔赛附近为拓宽一处铁路路基的边坡开挖工程中，采用了喷射混凝土面层并在土体中置入钢筋形成临时支护取得了成功。整个开挖和支护工作是分步进行的。开挖的边坡坡度为 70°，长 965m，最大坡高21.6m。土钉的长度为上部 4m、下部 6m，共用了 25000 多根钻孔注浆锚索，面层的喷射混凝土厚 50～80mm。这是有详细记载的第一个土钉支护工程。德国和美国在 20 世纪 70 年代中期也开展了土钉技术的应用。美国最早应用土钉支护在 1974 年，一项有名的土钉支护工程是匹兹堡市的 PPG 工业总部的深基坑开挖。1979 年，德国在 Stuttgart 建造了第一个永久性土钉工程（高 14m）。并进行了长达 10 年的工程监测，获得了许多有价值的数据。稍后采用土钉支护技术的国家还有英国、西班牙、巴西、匈牙利、印度、新加坡、南非和日本等。

1986 年法国发表的报告表明，该国每年约有 50 个工程采用土钉墙技术，其中，约有10％用作永久支护设施。据法国 1992 年的调查，土钉支护在该国每年仅用在公共工程中就有约 $1 \times 10^5 \mathrm{m}^2$（按支护面层的面积计算），此外尚有数以百计的私人小型建筑等在施工时用了土钉。据 1992 年调查，德国已成功地采用土钉支护技术建成 500 个工程。土钉支护技术在法国、德国应用非常广泛，已成为一种常规技术，应用范围已推广到铁路和公路边坡的永久性挡墙。

我国在土钉支护技术方面的研究和应用起步较晚。最早研究土钉支护的是煤炭部太原设计研究院王步云教授，此后，冶金部建筑研究总院、北京工业大学、清华大学、广州军区建筑工程设计院和总参工程兵三所等单位陆续开展了对土钉支护技术的研究和应用工作[1]。1980 年的山西柳湾煤矿的边坡工程是应用土钉支护工程的首例。20 世纪 90 年代，随着城市建设的加快，大量的边坡、路堤和基坑围护都需要支护加固，使土钉支护技术在我国开始得以迅速推广，北京、深圳、广州和武汉等许多城市都有许多成功的事例见诸报道。1992 年在深圳文锦广场基坑支护中采用了土钉支护，是国内首次将土钉支护技术应用于城区的深基坑支护中。尽管土钉的应用在我国开始稍晚，但由于国内的建设规模巨大，土钉支护的应用数量估计现已超过其他国家[1]。

## 1.1.2　土钉支护的优点与不足

作为一种原位加筋体，土钉支护技术不同于挡墙复合体和挡土结构，也不同于一般土质边坡。同传统的支护技术相比，土钉支护技术具有自身的特点。

**1. 土钉支护与其他的挡土技术或支护技术相比，有许多优点：**

（1）材料用量小，施工速度快。不仅可节省钢筋和混凝土的用量，而且能改善施工条件和缩短工期。

（2）施工设备轻便，操作方法简单、作业空间不大，各种施工场地都可选用。

（3）结构轻巧，柔性大，有很好的延性，且即使破坏，一般不会彻底倒塌。

（4）成孔、土钉制作和安置均不需要复杂技术和大型机械，施工时噪声和振动均很小，可以减少对环境的干扰，适合于城市地区施工。

（5）可以发挥土体的自承能力。传统支护技术，多是把被支护或围挡的土体完全视为纯粹的荷载，属于被动支护方法。而土钉将被支护土体看成具有承载能力的结构体，通过插入土钉起骨架约束、摩阻、锚固、连接等作用，充分发挥土体本身的自承自稳及挡土能力。土钉与土体共同作用形成一个具有支护作用的柔性结构体，共同承担基坑外围土体的侧压力并维护本身的稳定性，变被动支护为主动支护。

（6）安全可靠性较好。土钉支护施工采用边开挖边支护工艺，安全性易于保证，当个别土钉出现质量问题时对整体稳定影响较小。此外土钉墙技术的另一重要优点是可以根据需要随时修改土钉间距和长度，以免出现事故。

（7）工程造价低、经济效益好。国内统计资料表明，土钉支护可比排桩法、钢板桩节省造价约 25%～40%，可比灌注桩节省造价 1/3～1/2。国外资料表明对开挖深度在 10m 以内的基坑，土钉比锚索支护可节省造价 10%～30%，经济效益良好。

**2. 土钉支护与其他的挡土技术相比，有着许多独特的优点。但是，土钉支护也有它的局限性，使得土钉支护的应用受到一定的限制：**

（1）现场需有允许设置土钉的地下空间。虽然在边坡稳定中不存在这个问题，但是在采用土钉支护进行基坑支护时，由于高层建筑一般都是建造在建筑物密度较高的市区，当基坑附近有地下管线或建筑物基础，施工时就会相互影响，甚至不能采用土钉支护。

（2）土钉支护是边开挖边支护，在加固施工前需要土体有一定的自稳能力。土钉支护通常仅适用于地下水位较低的、自立性较好的地层，不宜用于含水量丰富的粉细砂层、砂卵石层和淤泥质土层中，一般也不能应用于没有临时自稳能力的饱和黏土，在这类土层中必须与其他的土体加固支护方法相结合，而且土钉在这类土层中的抗拔力低，故在饱和黏性土及软土中设置土钉支护须特别谨慎。

（3）土钉支护的施工是先开挖后支护，未支护的开挖边坡由于卸荷作用所引起的应力释放，会在土钉和面层施工期间产生一定位移，而且土钉施工完后需要土坡产生微小的变形使其发生作用。这样多个开挖支护层位移累积的结果，会使边坡的整体位移较大。

（4）土钉墙支护边坡位移较大且没有成熟的理论可以估算。土钉支护前的土体会释放应力，土钉的作用发挥、边坡土体的失水固结及土体本身蠕变都会引起边坡位移的增大。

因此土钉墙支护形式较其他支护形式位移偏大,且现在还处于无法合理估算的状态。

### 1.1.3 复合土钉支护的发展与应用

单一的土钉支护,其适用范围有限,行业性的国家或地方规范,均对土钉支护的适用范围做了说明。《深圳地区建筑深基坑支护技术规范》中明确规定[6]:"当支护变形须严格限制且在不良土中施工时,应联合其他支护形式形成复合支护结构"、"深圳地区土钉墙支护基坑开挖深度限制在 5~12m 范围内"。

土钉支护技术的一些不足,促进了复合土钉墙支护技术的出现和发展。

复合土钉支护技术是以土钉支护为主,辅以其他补强措施以保持和提高土坡稳定性的复合支护形式,是近年来我国在软土地区深基坑支护实践中,于土钉支护技术基础上改进和发展起来的一种体现地方特色的土钉支护技术。

到目前为止,国外对复合土钉支护的研究开展得较少,国内也只有一些学者在进行该方面的研究,造成理论研究大大落后于工程实践。

复合土钉支护变形性能尚未有成熟的分析方法。杨志明[7]等采用杆系有限单元法,结合支护土钉滞后的施工动态分析来求解。张明聚[8]等考虑土的非线性应力-应变关系、土钉和土体的相互作用以及每步施工过程通过建立三维有限元模型来分析。杜飞[9]等基于非线性平面应变有限元模拟方法,对复合土钉支护在分步开挖、分步支护过程中的变形性能进行研究。李本强[10]应用人工神经网络方法,利用土钉支护变形观测数据,建立用于对支护系统未来变形进行预测的网络模型。曾庆响[11]等应用灰色系统理论方法建立了土钉支护变形的 GM(1,1)预测模型。李海坤[12]等对土钉支护的变形影响因素进行分析和简化,通过与土钉支护稳定性分析影响因素比较,得出两者在参数上的近似一致性,利用土钉支护工程的位移监测资料及其稳定性分析结果,总结出工程意义上的土钉支护稳定性安全系数和变形之间的关系曲线。

林希强、蒋国盛[13]等通过对广州地区的钢管桩加土钉和预应力锚索的复合土钉支护工程的受力和变形全过程监测,分析和讨论了该复合支护形式的受力和变形性状,并用有限元方法进行了研究。李象范、徐水根等[14]根据对复合土钉支护机理的研究,提出采用单排或双排水泥土桩形成帷幕后再施作土钉支护,以解决边坡挡墙的隔水、防渗及临时自稳能力,总结了与软土地层相适应的施工工艺,并对该组合类型的复合土钉支护结构的适用条件及形式、变形性状进行了研究,同时提出了相应的设计计算模式。杨林德等[14]建立并采用了带转动自由度的 Goodman 单元,对搅拌桩加土钉的复合土钉支护技术进行了非线性有限元研究,并通过与工程实例的对比验证这一方法的合理性。宋二祥等[15]采用有限元方法,分析了预应力锚杆-土钉、超前微桩-土钉两种复合土钉支护的变形特性,并就其设计计算方法提出了建议。武汉水利水电大学的肖毅等通过钉锚结合支护的模型试验,对边坡土体的位移、应变场和应力场及土钉土锚轴力分布规律进行了研究,并对钉锚结合的机理进行了一定的阐述。

### 1.1.4 复合土钉支护的优点与不足

1. 目前复合土钉支护技术的加固部分主要有土体超前加固法和结构加固法。它针对不同的场地条件和地质条件,采取因地制宜、灵活多变的组合支护结构,保持了传统土钉

3

支护的优点，克服了传统土钉支护技术的固有缺陷，给土钉支护在软土地区深基坑支护中的应用以新的生命力，具有广阔的应用前景。

（1）适用范围更宽

复合土钉支护突破了现有有关规定的应用禁区，开始在软土、流砂、厚杂填土、厚砾石层中大量应用，所取得的经济技术效果也更加显著。随着对复合土钉支护设计方法的不断深入，复合土钉支护会应用到更多的不良地质中。

（2）应用地区更广

目前，复合土钉支护应用最多的是在沿海地区软弱土层中，但在内陆地区也出现了许多成功的应用实例。比如有效控制相邻建筑物的沉降裂缝、减小基坑侧壁水平位移、增加基坑开挖深度等。复合土钉支护作为一种成熟的技术应用到更多的地区。

（3）应用领域更大

复合土钉支护从主要应用在建筑工程扩展到交通、水电、人防等部门。随着这项技术的不断完善，它将在防护工程、防洪、冶金、煤炭等领域得到推广应用。

2. 但是，复合土钉支护技术主要存在以下几方面的不足：

（1）理论滞后于实践。复合土钉支护与一般的土钉支护有着不同的作用机理，不同方法的复合土钉支护的工作机理也不相同。目前，对于复合土钉支护的作用机理的认识还不是很清楚，缺乏必要的设计分析方法。复合土钉支护是一个三维问题，而现有理论和方法大都是将复合土钉简化为平面问题来研究。对于复合土钉支护结构中复合加固部分的作用机理的研究，只有深层搅拌桩有人涉及，对于超前微型桩、预应力锚索、冠梁、腰梁和面层的作用机理目前研究甚少。

（2）采用有限元方法分析复合土钉支护的受力和变形，结果不是很理想。由于复合土钉支护结构的破坏形式和破坏判据研究不成熟，土的本构模型、钉土粘结受力模型以及计算参数取值难以定得合适，这方面的研究仍然有许多工作需要开展。

（3）复合土钉支护试验或现场测试研究工作开展较少。理论分析的正确性必须要依靠全面准确的试验或现场测试数据来验证，而目前这方面的数据资料极为有限。

另外土钉墙对变形有效的控制手段较少，虽然可以通过锚杆较好地限制变形的发展，但对于较复杂地层来说，坡面的抗弯及抗剪强度较弱，通常会沿软弱的地层发生剪切滑动破坏，变形还是较难控制。

# 1.2　疏排桩支护技术

## 1.2.1　疏排桩的发展与应用

排桩支护是指深入土体，按一定间隔布置钢筋混凝土挖孔、钻（冲）孔灌注桩等形式的桩作为主要挡土结构的一种支护技术。

最早使用的桩为木桩，在新石器时代、古罗马时代即有应用[16]。19 世纪 20 年代，开始使用铸铁板桩修筑围堰和码头，到 20 世纪初，美国开始使用各种形式的型钢等桩基用于基础、围堰和码头等工程。同时，20 世纪初钢筋混凝土预制构件的问世，开始出现了各种厂制和现场预制的钢筋混凝土桩[16]，使得桩基和桩支护技术获得极大的飞跃。其中，很有代表性的是 SMW 工法，也称劲性水泥土搅拌桩法。该工法于 1976 年在日本问世，并得到很大推广，广泛应用于海底隧道工程、地铁等重大项目以及各类高层建筑的深基坑开挖支护工程等[17]。

我国上海 20 世纪 30 年代修建的一些高层建筑，开始采用沉管灌注混凝土桩，20 世纪 50 年代开始生产预制混凝土桩和预应力钢筋混凝土桩。随着大型钻孔机械的发展，出现了钻孔灌注混凝土或钢筋混凝土桩。从 20 世纪 50 年代到 60 年代，我国的铁路和公路，都开始采用钻孔灌注混凝土桩和挖孔灌注桩。钻孔灌注桩柱列式挡土墙最早在北京、广州、武汉等地开始使用，以后逐渐推广到沿海软土地区。1994 年，同济大学会同上海基础工程公司把 SMW 工法首次应用于上海软土基坑，取得了成功的经验[17]。

柱列式间隔布置包括桩与桩之间有一定净距的疏排布置形式和桩与桩相切甚至相搭接的密排布置形式。桩与桩之间有一定净距的疏排布置形式，即为疏排桩支护。

### 1.2.2 疏排桩的优点与不足

**1. 疏排桩是对常规密排桩支护技术的一个重大改进，其具有以下一些优点：**

（1）施工简单。桩支护一般是通过压入、振入或锤击等，将预制桩结构置入土体。对于现场制作的桩体，一般是通过挖孔、钻孔后进行浇灌或喷注，施工流程及其思路较为简单。疏排桩一般按间隔 2~3 倍桩径间距进行布置，减少了排桩桩数，使得工程量相应地减小。

（2）刚度较大。用于挡土结构的桩，多为钢、混凝土或钢筋混凝土结构，其刚度和强度均要大得多。

（3）造价比较低。除纯钢支护桩外，桩体的材质一般为素混凝土或钢筋混凝土，成本较低。加之按一定间距布设的疏排桩，大大减少了支护桩的数量，相应地减少了支护的成本。

（4）可利用土拱效应。疏排桩按一定的间距排列，桩后土体和桩间土体的不均匀变形，形成土拱效应，能充分调动土体的自稳自承能力，从而在减少工程量的情况下，同样达到较好的变形控制效果。

**2. 疏排桩支护技术也存在以下一些不足：**

（1）防水抗渗漏能力较差。疏排桩支护，由于桩间有一定的间距，地下水可以通过桩间空隙渗漏出来，防水效果较差，需要设止水措施。

（2）可能有噪声、振动和挤土效应。桩在施工过程中，可能产生噪声、振动挤土效应，对周围环境带来负面影响。

（3）在开挖扰动程度较大时，支护能力有一定的限度。在开挖扰动程度较大、需要挡土支护能力较高时，单一的疏排桩支护就显得不足。桩间土体会由于土拱的支撑能力不足而滑移出来，疏排桩也会发生踢脚或转动甚至断裂，对被支护体系构成较大的安全隐患。此时，就需要采用各种辅助措施或者组合支护形式，取长补短，共同作用，以最大限度地确保被支护体系的安全和可靠。

## 1.3 土 拱 效 应

在土力学领域，土拱是用来描述应力转移的一种现象，这种应力转移是通过土体抗剪

5

强度的发挥而实现的。

早在 1884 年，英国科学家 Roberts 首次发现了"粮仓效应"：粮仓底面所承受的力在粮食堆积高到一定程度后达到最大值并保持不变，这就是通常所说的土拱效应[18]。德国工程师 Janssen 用连续介质模型对其进行了定量解释。Terzaghi[19-21] 通过活动门试验证实了土拱效应的存在，并在对土拱的应力分布进行描述的基础上，得出土拱效应存在的条件。

到 20 世纪末、21 世纪初，在岩土工程领域，与土拱效应有关的实测数据、试验模型及理论研究越来越多，对以前无人问津的拱体几何参数与力学参数的研究也层出不穷。

其中影响最大的是普罗托奇扬科诺夫提出的普氏卸荷拱[35,36]。普氏以结构拱代替坑道顶部稳定的介质，考虑到结构拱的力学平衡和支座面介质的屈服条件且留有适当的安全储备，可以确定卸荷拱的几何和力学参数。普氏卸荷拱的拱跨和矢高只与坑道尺寸和坑道周围土的松散体综合摩擦角 $\varphi'$ 有关，而与坑道的埋深无关。作用在坑道上的土压力仅为稳定介质以下破裂带所产生的压力。这能解释一个普遍的力学现象，当坑道埋深大于一定的限值后，坑道支撑上的压力与埋深无关，但是这种卸荷拱是一种假想的拱，它不能真实地反映卸荷拱应力传递作用。

国内外其他学者也开展了大量的研究，张建华等[34] 利用有限差分方法讨论了土拱效应产生的条件。吴子树等[25] 结合土工离心模型试验、理论分析和实地调查，综合研究了土拱效应的形成机理及存在条件。贾海莉等[26] 根据土拱的不同形成机制，指出拱脚的存在形式有直接拱脚、摩擦拱脚、土体拱脚及二异拱脚四种。Finn[38] 利用弹性理论对土拱效应进行了研究。但弹性理论仅适用于位移和应变很小的情况，而土拱效应往往伴随很大的变形。Ono 等[39] 假定土为刚塑性，且满足 Mohr-Coulomb 屈服条件，将问题简化为平面问题状态，对挡土墙后土体及隧道周围土体进行了土拱效应分析，并将所得结果与试验结果进行了对比分析。Handy[40] 在前人研究的基础上，分析了沟槽中介质由于土拱效应而引起的应力重分布，认为土拱效应可以用近似悬链线的小主应力轨迹来描述，并提出了土拱效应的发展分两步：第一步是主应力方向的偏转；第二步是墙底附近水平和竖直应力的减小。Park[41] 假定小主应力拱形状为圆弧，对挡土墙后土拱效应进行了分析。Adachi 等[42] 将拱区定义为等边三角形。Kellogg[44] 认为在不同的工程实践中，拱区还可以是其他形状，例如抛物线形、半球形、圆顶形等。Osscher 等[42] 通过室内模型试验研究发现，桩间距是影响桩间土拱效应最重要的因素，桩间距越小，土拱效应就越明显。试验数据显示，当桩间距为 3 倍桩径时，荷载转移的比例约为 30%。

由于桩的支承作用，桩支护结构后面的土体亦易形成以桩体为拱脚的土拱。对桩后土拱效应的认识，目前也有不少的研究。

张建勋等[34] 利用有限元研究了被动桩中土拱效应形成机理，并分析了桩间距、土层性质、桩与土间摩阻力等对土拱的影响，结果证明桩间距是关键因素。韩爱民等[44] 借助平面有限元数值方法，对黏性土及无黏性土中被动桩中土拱效应形成机理作了研究和分析，认为剪胀角、泊松比、桩土接触特征对土拱效应影响最明显。Wang 等[38] 考虑土拱效应来设计抗滑桩，得到了如下结论：（1）最大平均拱压力等于静止状态的压力；（2）其他条件不变，$c'$、$\varphi'$ 值越大，土拱效应越明显；（3）提出了极限桩间距的存在，一旦超过极限桩间距，就不存在土拱效应；（4）砂土和黏性土边坡中均存在土拱效应。Chen 等[45]

通过模型试验研究表明：当桩间距大于或等于 8 倍桩径时，将不存在群桩效应。Adachi 等[42]关于土拱效应的模型试验也得到了相近的结论：桩间土拱效应的极限桩间距为 8 倍桩径。胡敏云[46-48]应用土拱原理对桩侧的土压力进行计算分析，通过控制桩间土体允许剥落范围，提出了间隔布桩时护壁桩间距确定方法。叶晓明[28]根据卸载拱原理推导出了柱板结构挡土墙墙板上的土压力计算公式，计算结果表明，作用在板上的侧压力并不随埋深线性增长。王成华等[49]从方形桩桩间土拱形成的原理、力学特性论证入手，较全面地分析了桩间土拱的受力、变形、力的传递和土拱破坏瞬间的最大桩间距，并建立了最大桩间距的平面计算模型。Chen 等[45]用有限差分法程序 FLAC 对桩周土拱效应进行了研究，结果发现土拱的形成和拱区的形状是桩的排列方式、桩土相对位移、桩形状、桩土接触面摩擦特性以及土的剪胀角的函数。朱碧堂等[50,51]采用拱形梁法对基坑开挖和支护中土层拱效应作了初步的理论分析，推导出了支护排桩的最大间距的理论公式，并从理论上证明了在支护桩间采用板墙等柔性支护的情况下，土拱能有效地减小板墙上的土压力，将相应的土压力转移到支护桩上。安关峰等[52]从方形桩间土拱形成的机理、力学特性入手，将广泛应用于隧道工程的普氏系数引入抗滑桩最大桩间距的计算分析中，并根据桩间土拱的静力平衡，建立了相应的计算模型。周德培等[53]提出应以桩间静力平衡条件、跨中截面强度条件以及拱脚处截面强度条件共同控制来确定桩间距，得到了较为合理的桩间距的计算公式；定量地说明了在其他因素不变的情况下，桩间距随桩后土体黏聚力或内摩擦角的增大而增大，却随着桩后坡体推力的增大而减小。张建华等[37]通过计算表明，当桩间距适当时，桩后土体将产生土拱效应。同时分析了土拱产生的机理和产生的条件，对抗滑桩间距的设计有一定的参考价值。

# 1.4 疏排桩-土钉墙组合支护

疏排桩-土钉墙组合支护技术是一种将被动受力支护结构和主动受力支护结构组合在一起应用于边坡（基坑）支护工程中的组合支护技术。被动受力结构——疏排桩（拱脚桩）锚（撑）承受桩后土水压力及桩间由土拱作用传递过来的土水压力的合力，主动受力结构-土钉墙（复合土钉墙）承受桩间土部分土压力，将土拱前自由脱落的土压力传递到土拱及土拱后稳定土体上，同时对土拱及拱后土体进行加固。

疏排桩-土钉墙组合支护技术早于 2000 年已有应用。王家道等在海口汇隆大厦中有所应用，他对于其作用机理、主要构件组成 、主要优点及经济效益等方面都作了一定的探讨，认为其是一种比较经济、安全、解决挡土止水的一项有效技术措施。

周群建在总结杭州十余项深基坑工程成功应用的基础上，介绍了该支护方式的结构形式、设计思路及计算方法。但他只是对于桩与土钉墙分别采用朗肯土压力计算，并没有提及土拱作用等该支护方式的核心技术特点。

# 第2章　疏排桩-土钉墙组合支护技术
# 机理及影响因素

疏排桩-土钉墙支护可以有效地控制基坑变形，提高基坑边坡的稳定性。对疏排桩-土钉墙支护结构的组成、机理及其影响因素的清醒认识，对于发挥该支护方法的支护效果、有效控制变形具有重要意义。

## 2.1　疏排桩-土钉墙组合支护的构成

疏排桩-土钉墙组合支护结构，主要由土钉、锚索、疏排桩、面层以及环梁支撑等部分组成，如图 2-1 所示。

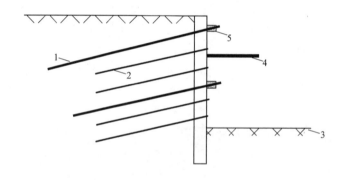

图 2-1　疏排桩-土钉墙组合支护典型结构
1—锚索；2—土钉；3—疏排桩（面层）；4—支撑；5—环梁

### 2.1.1　疏排桩

疏排桩是疏排桩-土钉墙组合支护的主要受力构件之一，可以是人工挖孔桩、机械钻孔桩、预制桩、钢板桩、钢管桩等形式的桩或多种形式桩的组合体。

桩体材料可以是纯钢、钢筋混凝土、碎（砂）石混凝土、素混凝土等，具体适合于何种材料，根据工况条件和强度要求决定。在强度要求高、变形控制严格、施工作业空间限制较大的区域，宜采用强度较高的材料，如纯钢、钢筋混凝土等，反之，宜用单位体积强度较低的素混凝土等。

排桩的连接形式，可以是桩与桩之间按一定间距直接进行连接，也可以在钻孔灌注桩间加素混凝土树根桩、素混凝土桩、水泥土桩等刚度相对钢筋混凝土桩较小的结构体把钻孔灌注桩连接起来，或用挡土板置于钢板桩及钢筋混凝土板桩之间形成围护结构。为保证结构的稳定和具有一定的刚度，可设置内支撑或土钉锚杆。

按基坑开挖深度及支挡结构支撑情况，疏排桩支护结构可分为悬臂（无支撑）支护结构、单支撑支护结构、多支撑支护结构等。根据上海地区的经验：对于开挖深度<6m 的基坑可选用 $\phi$600mm 密排悬臂钻孔桩，桩与桩之间可用树根桩密封，也可在灌注桩后注浆或用水泥搅拌桩作防水帷幕；对于开挖深度在 4～6m 的基坑，根据场地条件和周围环境可选用预制钢筋混凝土板桩或钢板桩，其后注浆或加搅拌桩防渗，设一道围檩和支撑，也可采用 $\phi$600mm 钻孔桩，后面用搅拌桩防渗，顶部设一道圈梁和支撑；对于开挖深度 6～10m 的基坑，常采用 $\phi$800～1000mm 的钻孔桩，后面加深层搅拌桩或注浆防水，并设 2～3 道支撑，支撑道数视土质情况，周围环境及对围护结构变形要求而定；对于开挖深度大于 10m 的基坑，上海地区采用 $\phi$800～1000mm 钻孔桩，采用深层搅拌桩防水，多道支撑或中心岛施工方法。

其他还有更多的分类角度，如排桩布置形式、桩体材质、桩体直径或埋藏深度等。

以柱列式钻孔灌注桩对疏排桩结构的构造进行说明。钻孔灌注桩一般直径不宜小于 400～500mm，悬臂式桩直径不宜小于 600mm，人工挖孔桩的直径不应小于 800mm。桩间距应根据排桩受力及桩间土稳定条件确定，一般不大于桩径的 1.5 倍。在地下水位较低的地区，当墙体没有隔水要求时，中心距还可大些，但不宜超过桩径 2 倍。为防止桩间土塌落，可采用在桩间土表面抹水泥砂浆钢丝网混凝土护面，或对桩间土注浆加固等措施予以保护。在地下水位较高地区采用钻孔灌注桩围护墙时，必须在墙后设置隔水帷幕。墙体顶部必设圈梁（冠梁）与桩相连，冠梁为钢筋混凝土矩形梁，宽度（水平方向）不宜小于桩径，梁高（竖直方向）不宜小于 400mm。桩与冠梁的混凝土等级宜大于 C20；当冠梁作为连系梁时可按构造配筋。

## 2.1.2 土钉

土钉也是疏排桩-土钉墙的主要受力构件之一，其类型主要有注浆式土钉、击入式土钉和气动射入式土钉三种。

钻孔注浆土钉是最常用的土钉，整个土钉由钉体和外裹的注浆体组成。钉体材料一般采用 $\phi$16～32mm 的Ⅲ级或Ⅱ级热轧变形钢筋和 $\phi$48$\delta$3.5mm 钢管以及自钻式锚杆组成。注浆体材料为水泥砂浆或纯水泥浆；钻孔孔径为 $\phi$75～150mm。与其他类型的土钉相比，在砾石土、硬胶结土和松散砂土施工时具有独特的优越性。

在软土、地下水丰富的地层中，一般采用由 $\phi$48$\delta$3.5mm 钢管制作的注浆击入式土钉钉体。其中出浆孔眼间距 1000～2000mm，直径 5～10mm。在出浆孔眼处有倒刺，既可以保护出浆孔眼又可以加强钉体与注浆体的结合。

击入式土钉，最传统的是用角钢、圆钢或钢管作土钉。设置这类土钉一般不用预先钻孔，施工极为快速，在密实的砂土中的效果要优于黏性土，但不适用于砾石土、硬胶结土和松散砂土。

气动射入式土钉，用高压气体作为动力，发射时气体压力作用于土钉的扩大端。该类土钉为英国开发，钉径有 25mm 和 38mm 两种，目前在国内较少应用此类土钉。

## 2.1.3 锚索

和土钉类似，锚索也是复合土钉墙的主要受力构件之一，通过锚索及土钉对疏排桩及周围土体的锚固张拉作用，被支护体的变形趋势可以得到良好的控制。

锚索结构一般由内锚头、锚索体和外锚头三部分共同组成。内锚头又称锚固段或锚根，是锚索锚固在岩体内提供预应力的根基，按其结构形式分为机械式和胶结式两大类，胶结式又分为砂浆胶结和树脂胶结两类，砂浆式又分二次灌浆和一次灌浆式；外锚头又称外锚固段，是锚索借以提供张拉吨位和锁定的部位，其种类有锚塞式、螺纹式、钢筋混凝土圆柱体锚墩式、墩头锚式和钢构架式等；锚索体，是连结内外锚头的构件，也是张拉力的承受者，通过对锚索体的张拉来提供预应力，锚索体由高强度钢筋、钢纹线或螺纹钢筋构成。

目前在加固工程中使用的锚索类型种类繁多，按不同的分类方法可将锚索划分为不同的类型。按内锚固段受力状态科学地分为：拉力型、压力型、荷载分散型；荷载分散型又分为拉力分散、压力分散、拉压分散型。按外锚头的结构形式分为 VSL 锚、QM 锚、XM 锚、JM 锚、OVN 锚等；按锚索体种类分为钢绞线束锚索、高强钢丝束锚索、精轧螺纹钢筋束锚索等。

## 2.1.4　面层

面层包括支护面层和防水面层。

支护面层是复合土钉支护系统中的重要组成部分，它的主要作用为承受水土压力、土钉端部拉力、地面超载引起的荷载以及限制土体坍塌等。支护面层的类型主要有钢筋网、钢筋混凝土、碎（砂/卵）石混凝土、素混凝土等。

防水面层的主要作用是防止雨水冲刷和流蚀。在防水面层上一般布设有排水孔，在防水面层的约束和排水孔的疏导下，又可以使得被支护体内部的水流得到较为有序的渗透。防水面层的类型主要有素混凝土、碎（砂/卵）石混凝土等。

## 2.1.5　辅助结构

疏排桩-土钉墙组合支护常见的辅助支护结构为环梁、支撑等。

环梁的主要作用是，将疏排桩部分或全部连接成一个统一的整体，增大支护系统的刚度和协调变形控制能力，此外，也可以为土钉锚索以及支撑提供更为可靠的支点。环梁按布设位置可分为冠梁、腰梁等。环梁一般采用钢筋混凝土和素混凝土等材质。

支撑的主要作用是，支挡住围护结构，使得支撑范围内的围护结构及周围土体的变形得到减缓或抑制。支撑系统按材料性质可以分为钢支撑（钢管支撑和型钢支撑等）、钢筋混凝土支撑、素混凝土支撑及以上支撑的组合形式等，按受力形式可以分为压杆式支撑（单跨压杆式支撑、多跨压杆式支撑、双向多跨压杆式支撑）、水平桁架式支撑、水平框架式支撑、大直径环梁及边桁架相结合的支撑、斜撑等。支撑的材料多为钢材、钢筋混凝土或素混凝土。

在疏排桩-土钉墙组合支护中，支撑结构，尤其是复杂的支撑系统并不常用，环梁结构也多采用冠梁。

辅助支护结构是相对更为临时的结构，既要求能方便施工，又要安全可靠。另外，相对于支护系统其他部分而言，辅助支护结构的投资一般较大，制作和安设也较为麻烦，设计时有较大优化的空间可以考虑。

# 2.2 疏排桩-土钉墙组合支护的作用机理

## 2.2.1 土拱效应的机理

土拱效应是由于介质的不均匀变形所引起的。在疏排桩-土钉墙组合支护作用下，在不平衡土压力作用下，坑壁土体有向侧向移出的趋势，但疏排桩桩体附近的土体，由于受刚度较大桩体的阻挡，侧向移出变形的发展受到抑制，而疏排桩之间的土体，近似为临空自由面或受到的抑制作用较小，侧向移出变形的趋势较大。随着桩间土体侧向变形的增大，靠近临空侧的桩间土体便逐渐脱离其后面的土体，桩间远离临空侧的、被脱离的土体，丧失了前面土体的支挡作用，在剪应力的作用下，其内部应力便向变形较小的两侧发生偏移以获取平衡，这样一来，在被支护体中便形成了土拱。随着开挖扰动的增加，不平衡土压力逐渐增大，由于土体不均匀变形引起的应力偏转逐渐增加，最后，应力被传递至刚度较大的疏排桩桩体上，在疏排桩后面，形成了一系列以疏排桩为支撑拱脚的土拱。

土拱的形成改变了介质中的应力状态，引起应力重新分布，把作用于拱后或拱上的压力传递到拱脚疏排桩及周围稳定介质中去，对控制临空侧的变形具有很好的效果。

## 2.2.2 疏排桩的作用机理

疏排桩是疏排桩-土钉墙组合支护的主要受力构件之一，其作用机理主要在于 3 个方面：挡土作用、支点作用、承力作用。

挡土作用，主要体现在疏排桩自身对开挖扰动后临空或松懈土体的支挡作用。根据岩土条件，按一定间距排列布置的疏排桩，多属刚度强度较大的材质和结构，在嵌入岩土一定深度时，无论有否撑锚，自身也可抵挡住桩后一定范围内土体的变形和移动。

支点作用，主要体现在，土钉锚索可以利用疏排桩的强度和刚度，一侧拉紧固定在疏排桩上，进而增大对被支护体的锚固效果；支撑也可以以疏排桩为支点，更好地发挥支撑效果。即深入土体的土钉锚索和刚度强度也很大的支撑，可以以疏排桩为支点，更大程度地发挥其支护效果。

承力作用，是指疏排桩可以作为拱脚，使得坑周土体内部容易出现土拱。在疏排桩作用下，桩身后面土体的变形受到桩体的抑制，变形较小，桩间土体由于尚无支护或支护结构的刚度强度较桩体的刚度强度小，变形很大。土体不均匀变形，使得土体内的应力发生偏移进而形成土拱，最后偏移后的土体应力被传递至疏排桩，使得疏排桩起到拱脚的作用，承担土拱背侧更多的土压力。

## 2.2.3 土钉的作用原理

土钉的作用是基于一种主动加固的机制，土钉与土体的相互作用能改变基坑的变形和破坏形态，其作用机理大致可概括为土钉分担作用、骨架箍束作用、应力扩散和传递作用以及坡面变形约束作用等 4 个方面。

### 1. 分担作用

土钉的分担作用可以减小土体上的应力，改善土中应力分布，阻止滑裂面的形成。众所周知，土体实际上是不均匀的各向异性体，土体中各点的应力状态不同、力学特性不同、变形也不相同。因此，基坑边坡在整体滑动发生之前，往往是先从潜在滑动面上某一最薄弱点的应力达到或超过该点的极限强度而产生破坏。反映到力学特征上，就是该点的抗剪强度从峰值降到残余强度。由于该点再也不能承担原来那么大应力了，只能转移到相邻土体，使相邻点产生应力集中而破坏，进而逐渐蔓延到更多部位的破坏，最后形成一个完整滑裂面。这在地质力学上也称为"突破点"理论或"突破点"现象。

作为全长注浆的土钉，潜在滑动土体内的那段土钉长度也注了浆。因此，土钉体的刚度远远大于土体的刚度，当土体内某一最薄弱点受力产生塑性变形时，土体内力自然向着刚度较大的土钉体转移并由土钉来分担土体内的一部分应力，而减少土体上的应力，从而形成一个整体滑移面。

土钉的这种分担作用在土体由弹性变形阶段过渡到塑性变形阶段时越趋明显，因此土钉对土体的弹塑性变形阶段的变形制约具有重要意义。

**2. 骨架箍束作用**

土钉一般并不单一布置，群钉以三维空间结构分布在土体内部，形成具有一定刚度的空间骨架，这种骨架在土体各部位承受着拉、弯和剪切作用，从而减小土体上的应力，约束土体的剪胀和拉伸变形，减弱应力集中、抑制剪切滑裂带的形成。因此，群钉不仅延缓了土体塑性变形的发生，而且使土体呈现出明显的渐进性塑性变形阶段，延长了土体的塑性变形阶段。

群钉的这种骨架箍束作用大大改善了土体的整体性状，也就等效地提高了土体的强度。

**3. 应力传递与扩散作用**

土钉的特点是全长与周围土体直接接触或通过水泥砂浆等接触，靠土钉与土体的相互作用形成复合整体以起作用，并与周围土体形成一个组合体，在土体发生变形的条件下，通过与土体接触界面上的粘结力或摩擦力，使土钉被动受拉，并主要通过受拉工作给土体以约束加固而使其稳定。

依靠土钉和土体的相互作用，土钉将所承受的荷载通过土钉全长向土体深层传递及周围扩散，从而降低复合土体的应力水平、改善变形性能。

**4. 坡面变形约束作用**

坡面鼓胀变形是土体开挖卸荷、土体侧向变形以及塑性变形和开裂发展的结果。坡面变形约束作用主要体现在 3 个方面。

一是面层的约束作用。覆盖于坡面的面层，虽然不是主要的受力构件，但是能限制坡面鼓胀，加强了边界的约束作用，从而削弱了土体内部的塑性变形。

另一个方面是土钉的约束作用，土钉延长注浆，外端与面层固定，当坡面向外侧变形时，固定于被支护体中的土钉不能移动，且其变形较之坡面变形要小得多，面层上靠近土钉的区域便被"拉"住，形成对整个坡面变形的约束作用。

另外，被支护体整体还对周围土体的变形具有抑制作用，从而减小了坡面累积的鼓胀变形量。土钉群置入土体后，被支护体和土钉联系为一个强度较高的、较为稳定的土体，其后土体向外侧发生变形或移动的趋势得到有效缓解。

## 2.2.4　锚索的作用机理

锚索通过对土钉支护结构施加一定的主动作用力，把土压力荷载传递到深部的稳定地层中，调动深部稳定地层的潜能，把土钉支护结构、锚索及深部稳定土层紧密联系在一起，共同承受荷载，使基坑稳定并大大减少位移。

锚索的作用机理主要反映在深层锚固作用、深部悬吊作用、注浆约束作用以及注浆后锚索延长上的摩阻作用等几个方面。

**1. 深层锚固作用**

通过压浆灌实等技术将锚索一端固定在深部稳定岩土之中，在锚索的另一端施加一定的主动作用力，土压力荷载便被传递给了深部稳定的岩土，深部稳固的岩石或土层的自稳潜能得到发挥，从而起到对不稳定岩土的锚固作用。

**2. 深部悬吊作用**

锚索的深部悬吊作用则类似于重物悬吊的机理，锚索一段固定在深部稳固的岩土里面，发生位移甚至滑裂的被支护体则通过锚索被悬吊住，使其不致破坏或发生更大位移。

深层悬吊作用与深层锚固作用的机理不同，后者是把松散的或近似脱离的土体紧紧地锚固定在深部稳定的岩土层上。前者是通过埋置于稳定岩土中的锚索，把已经脱离或滑移的土体拉住，被拉住的土体和稳定岩土等未必需要结合得非常紧密。

**3. 注浆约束作用**

注浆在预应力锚索复合土钉支护结构中起着重要的作用。注浆不仅约束固定土钉和锚索，对土体起到加固稳定作用，而且浆液还可渗透到土体的孔隙和裂隙中，对土颗粒起胶结作用，改善了土体的松散性，提高了原状土的整体性能。

**4. 延长摩阻作用**

注浆后，预应力锚索周围的土体得到胶结和改善，锚索和周围土体之间的空隙也被砂浆充实，周围土体对锚索的握裹力增加，锚索若要沿钻孔移出，或者被支护土体要脱离锚索，必定会在锚索和周围土体之间产生很大的摩阻作用，相当于提高了荷载作用下锚索抗移出的能力。

### 2.2.5 面层的作用机理

面层的作用机理主要表现在坡面变形的约束作用和内力变形的协调作用。

坡面鼓胀变形是土体开挖卸荷、土体侧向变形以及塑性变形和开裂发展的结果。面层虽然不是主要的受力构件，但是能限制坡面鼓胀，从而削弱了土体内部的塑性变形，加强了边界的约束作用，这对土体开裂变形阶段尤为重要。

面层对内力变形的协调作用，是指面层可以传递并平衡土压力，使分布在土体中的土钉共同作用，一旦局部一个或几个土钉达到了极限状态，可以通过面层转移到其余土钉上去，保证所有土钉共同作用，个别失效不影响整体。

## 2.3 疏排桩-土钉墙组合支护的影响因素

### 2.3.1 岩土特性

岩土特性是疏排桩-土钉墙支护结构设计的前提，也是影响疏排桩-土钉墙组合支护效果的根本因素。

岩土条件不同，疏排桩的桩径、嵌固深度、桩间距以及土锚的分布亦不尽相同。岩土条件较好，开挖扰动后岩土具有一定的自稳能力时，支护结构后面的土体易形成土拱效应，疏排桩可采用较小桩径、较小嵌固深度、较大桩间距的布置形式，土钉锚索的分布密度和设计深度均可取得较小。

支护作用期间，岩土的流变特性、时空效应对支护结构的稳定性和可靠性具有很大的影响。岩土易于流变，则岩土变形的趋势可能很大，对抵御岩土变形的支护结构的强度和高度就要求很高。岩土在不同时间不同空间位置的变形不同，对支护结构各部分的分担能力的要求就不同，从而对支护结构的各组件以及各组件的空间布局就提出了更高的要求。

## 2.3.2　支护结构特性

支护结构的特性，是影响疏排桩-土钉墙组合支护效果最为直接的因素。支护结构的特性，直接决定着支护系统对所形成的变形的控制能力。开挖扰动后，变形发展与否，以及变形将发展到何种程度，都由支护系统的特性决定。

**1. 排桩特性**

疏排桩-土钉墙组合支护技术中，排桩除了具有挡土功能外，还能在土体形成土拱效应时，作为土拱的拱脚支撑点给被支护体提供有力的支撑。排桩是平衡开挖卸荷所产生的土压力、抵御变形的最主要构件，其特性对疏排桩-土钉墙组合支护的支护效果具有重要的影响。

排桩的刚度越小，开挖卸荷后抗变形影响的能力则越小，开挖卸荷产生很小的土压力差时，排桩即会在不对称土压力作用下发生挠曲变形，进而引起桩体移位或折断。

对于同一种材质的排桩而言，如果排桩的直径越大，则其刚度和强度就越大，抵抗变形的效果就越好，但过大的直径，不仅会引起工程成本增加，而且也使得工程难度加大。

排桩长度较小，嵌固深度太浅，在土压力作用下，排桩容易移位，使得被支护体发生过大变形，进而引起支护系统的失稳破坏。排桩的长度太长，不仅会增加成本并使得施工困难，而且，挡土结构的长度在达到一定值后，继续增大挡土结构的长度，对变形的控制效果并无显著影响。

疏排桩的间距对排桩的间距太小，甚至各桩体靠紧或搭接在一起，则不易发挥土拱效应，浪费排桩材料，增加排桩的施工工程量。如果排桩的间距太大，甚至大于土拱的跨度，则拱脚处偏转传递过来的应力并不能集中作用到刚度较大的排桩上，土拱效应的影响范围和发挥程度有限，挡土支护效果也会受到影响。

**2. 土锚特性**

土钉墙是疏排桩-土钉墙组合支护的主要构件之一，土钉墙的特性对疏排桩-土钉墙组合支护的支护效果也存在非常重要的影响。

大量研究表明，在一般土体（不包括软土）中，沿支护高度上下分布的土锚，其使用状态时的最大内力相差很大，一般来说是中部大、上下小。所以不同作用位置的土锚，分担的支护作用不同，对变形的控制能力也存在较大差异。

如前所述，中部土锚的作用较大，这就需要中部布设的土锚要具有足够的强度。对于给定的土锚材质，即要求土锚应具有一定的直径和长度。而且，一般顶部的水平位移最大，这就需要在顶部的土钉应具有足够的长度来限制上部的水平位移，如果顶部土钉过短,在土钉的末端以及末端以外的上方地表处容易产生很大的开裂,所以需要适当增大顶部土钉的长度;同时底部的土钉长度也不能太短,否则不利于支护作为整体抵抗基底滑动或失稳,另外当支护结构临近极限状态时,下部土钉的作用会明显加强。但是,尽管适当增加土钉长度,的确能够更加有效地控制基坑变形,但研究表明基坑的变形与土钉长度之间并不是线性关系,也就是说并非增加土钉长度就能获得更有效的变形控制效果。因此在土钉墙设计中一味加大土钉的长度并不能取得更好的效果,土钉良好的抗拉性能也不能得到充分的发挥,反而造成浪费和加大施工的难度。

当土钉设置较密时,土钉与土体之间组成一个密实整体,土钉承担了大部分的开挖荷载,有效约束了土体的变形;随着土钉间距的增大,土钉与土体之间的紧密程度受到影响,土钉承担的开挖荷载相应减少,土体产生了较大的水平位移,土钉的最大拉力也相应增加,更大程度地发挥其抗拉性能;但是随着土钉间距的进一步增大,土钉承担荷载减小的趋势也将减弱,趋于稳定,这时候土体最大水平位移和土钉的最大拉力也逐步趋于稳定。因此,如果土钉间距过小,造成不必要的浪费;取值过大,而土质较差(如淤泥质土,软土,或地下水压力大)将有可能造成两排土钉间的土体的位移过大或者破坏。土钉密度对于支护效果的影响是十分重要的,土钉间距的取值应该衡量对位移的要求以及土体的物理力学特性合理确定。

土钉的倾角影响着土钉的应力状态和土钉抗拔力的发挥。在设计施工中,人们常根据经验采用 $5°\sim15°$ 作为土钉的设计倾角,在整个土钉设计和施工中,上下各层土钉普遍采用相同的倾角,这固然为设计和施工带来方便,但却未能充分发挥土钉的潜力。Jewell 等曾就土钉倾角对受力状态的影响作过研究,得出以下结论:当 $\psi < \theta < 90°$ 时,由于土体的剪切变形,土钉处于受拉剪状态,主要承受轴向拉力;$90° < \theta < \psi$ 时,土钉处于受压剪状态;当 $\theta = 0$ 时,土钉处于纯剪状态($\theta$ 为土钉与滑动面切线方向的夹角,$\psi$ 为土体的剪胀角)。

## 2.3.3 设计及施工

设计和施工对疏排桩-土钉墙组合支护效果也存在重要影响。

设计时,参数的选取直接决定着土压力和变形的大小。根据《建筑基坑支护技术规程》JGJ 120—99,结合广东省已完成的土钉墙支护典型工程,总结出广东省土钉墙支护参数合理取值范围:

土钉长度与基坑深度之比对非饱和土宜在 $0.6\sim1.2$ 内,密实砂土和坚硬黏土中可取低值;对软塑黏性土,该值不应小于 $1.0$。为了减少支护变形、控制地面开裂,顶部土钉的长度宜适当增加,非饱和土中的底部土钉长度可适当减少,但不宜小于 $0.5$。

土钉的水平间距和竖向间距宜在 $1.2\sim2m$ 内,在饱和黏性土中可小到 $1m$,在干硬黏性土中可超过 $2m$;土钉的竖向间距应与每步开挖深度相对应,沿面层布置的土钉密度不应低于 $6m^2$ 一根。

土钉的向下倾角宜在 $5°\sim20°$ 内,当利用重力向孔中注浆时倾角不宜小于 $15°$,当用压力注浆且有可靠排气措施时倾角宜接近水平。当上层土较软弱时,可适当加大向下倾角,使土钉插入强度较高的下层土中。当有局部障碍物时,允许调整钻孔位置和方向。

喷混凝土面层的厚度在 $50\sim150mm$ 之间,混凝土强度等级不低于 C20,喷混凝土面层内应设置钢筋网，钢筋网的钢筋直径一般取 6～8mm，网格尺寸 150～300mm。当面层厚度大于 120mm 时，宜设置二层钢筋网。

从以上数据可以看出，各参数给定的都是一个取值范围，设计人员多才多艺的设计风格以及取值的主观性，必然使得支护效果存在一定的差异。

施工工艺和过程也对支护效果有重要影响，使用不同设备对土方进行开挖并对支护结构进行安设，占用的空间资源也不一样，引起的扰动、振动等效应便不同，进而会引起变形的差异。土方是逐步开挖的，支护结构是分阶段施加的，开挖的深度和区域不同，施工的阶段性不一样，也会对支护结构的变形特性具有显著影响。

## 2.4　小结

本节分别对疏排桩-土钉墙组合支护的结构组成、作用机理和影响因素进行了阐述。

首先，对疏排桩-土钉墙组合支护的结构组成进行了介绍，并对疏排桩、土锚、面层以及环梁支撑等辅助结构在疏排桩-土钉墙组合支护中的功能、分类和材质进行了阐述。

接下来，对疏排桩-土钉墙组合支护的作用机理进行了分析。土拱效应是由于岩土不均匀变形，使得岩土内部应力偏移作用至疏排桩而形成的。疏排桩的作用机理主要体现在挡土作用、土钉锚索的支点作用、土拱效应时拱脚的承力作用 3 个方面。土钉的作用机理主要是分担作用、骨架箍束作用、应力扩散和传递作用以及坡面变形的约束作用 4 个方面。锚索的作用机理主要体现在深层锚固作用、深部悬吊作用、注浆约束作用以及注浆后锚索延长上的摩阻作用 4 个方面。面层的作用机理主要表现在坡面变形的约束作用和内力变形的协调作用。

最后，对疏排桩-土钉墙组合支护作用时的影响因素进行了分析和归纳。这些影响因素包括岩土自身的特性，排桩、土锚等支护构件的特性，以及设计风格和施工工艺流程等。

# 第3章 疏排桩-土钉墙组合支护的
# 理论分析与计算

疏排桩-土钉墙支护的支挡作用涉及桩、土体、土锚筋体、面层和环梁支撑等辅助支护结构的共同作用，是被动支护与主动支护的组合协调。由于不同材料的性质存在巨大差异，使得该支护技术的工作性能极其复杂。

## 3.1 土压力特性研究与计算

### 3.1.1 土压力主要的影响因素

#### 1. 变形模量

土钉和锚索的主要作用之一就是改善基坑土体的应力状态，从而提高其强度并减小其变形量，土体变形量的减小等效于被支护体弹性模量的提高。

记被支护体的弹性模量和泊松比分别为 $E$、$\mu$，无支护时土体的弹性模量和泊松比分别为 $E_r$、$\mu_r$，土钉和锚索的弹性模量和泊松比分别为 $E_b$、$\mu_b$，土钉和锚索布置密度及横截面积分别为 $n$、$s$，则可推导出以下结果：

$$E=\frac{E_r}{1-\lambda\mu_r} \tag{3-1}$$

$$\mu=\frac{\mu_r-\lambda}{1-\lambda\mu_r} \tag{3-2}$$

其中，$\lambda$ 为被支护体的弹性模量换算系数，由下式给出：

$$\lambda=\frac{\dfrac{\mu_r}{E_r}-\dfrac{\mu_b}{E_b}}{\dfrac{1}{E_r}+\dfrac{1}{n\times s\times E_b}} \tag{3-3}$$

从式（3-1）～式（3-3）可以看出，若 $\lambda=0$，即土钉、锚索与土体的变形性质无差异时，则被支护体的弹性模量与无支护时相同；若 $\lambda>0$，则被支护体的弹性模量 $E$ 将会提高，泊松比 $\mu$ 将会减小。而且，随着土钉和锚索密度的增大，即 $n$、$s$ 增大，被支护体的弹性模量 $E$ 也随着增大，泊松比 $\mu$ 将减小。

#### 2. 黏聚力

土钉和锚索的切向锚固力即土钉和锚索对土体剪切变形及横向相对位移的约束作用力，其作用本质为增加土体的抗剪切强度，即提高土体的黏聚力。若将土钉和锚索的黏聚力记为 $c_b$、土体的黏聚力记为 $c_r$、被支护体的黏聚力记为 $c$，则有：

$$c=c_r+n\times s(c_b-c_r)+\sigma\times\tan\varphi \tag{3-4}$$

式中，$n$ 为土钉和锚索布置的密度；$s$ 为土钉和锚索的横截面积；$\sigma$ 为土钉和锚索的轴向作用在土体中产生的挤压应力；$\varphi$ 为土体的内摩擦角。

被支护体的黏聚力与无锚时土体的黏聚力相比，其增加值为：

$$\Delta c = c - c_r = n \times s(c_b - c_r) + \sigma \times \tan\varphi \tag{3-5}$$

从式（3-4）、式（3-5）还可以看出，对于特定的土体（$\varphi$ 一定），被支护体黏聚力的提高幅度，取决于土钉锚索与土体的黏聚力差值的大小（$c_b - c_r$）、土钉锚索横截面积在支护体总面积中所占的比例（$n$、$s$）、以及土钉锚索轴向作用的强弱（$\sigma$）。

此外，还可以看出，$c$ 值的变化由 2 个方面的因素引起，一方面是由于置入土钉和锚索引起被锚固体参数变化的作用，另一方面是由于土体变形过程中应力变化所引起参数的变化。

**3. 内摩擦角**

与黏聚力的变化原理相同，被支护体内摩擦角的大小是影响土体强度的又一重要参数。在疏排桩-土钉墙组合支护中，被支护体内摩擦角由土钉和锚索的内摩擦角大小、无支护土体内摩擦角大小以及摩擦面上的应力状态所决定。

若土钉、锚索及土体的应力状态相同，则被支护体的内摩擦系数为：

$$f = f_r \times (1 - n \times s) + f_b \times n \times s \tag{3-6}$$

式中，$f$ 为被支护体的内摩擦系数；$f_r$ 为土体的内摩擦系数；$f_b$ 为土钉和锚索的内摩擦系数；$n$ 为土钉和锚索的布置密度；$s$ 为土钉和锚索的截面面积。

被支护体与土体的内摩擦系数之差 $\Delta f$ 为：

$$\Delta f = f - f_r = (f_b - f_r) \times n \times s \tag{3-7}$$

通常 $f_b < f_r$，所以与支护前相比，被支护体的内摩擦系数减小了。但由于被支护体中土钉、锚索的面积所占的比例很小（通常不足 1‰），因此，实际计算时可忽略这一变化，即被支护体的内摩擦角仍近似等于支护前土体的内摩擦角。

**4. 土拱作用**

土拱作用发生与否是疏排桩-土钉墙组合支护技术成功的关键因素之一。在基坑开挖过程中，由于不平衡土压力的存在，基坑产生侧向位移，相邻疏排桩之间的土体有向排桩间挤出的趋势，同时，由于排桩与地基土之间存在摩阻力，将在排桩与其周围地基土之间产生土拱效应。

随着土体抗剪强度的发挥，水平面内形成了大主应力拱，将排桩间地基土的侧压力传递到两侧的排桩上，即相邻两根桩提供了大主应力拱的拱脚，保证了排桩间地基土的稳定。因此，在以相邻排桩为拱脚的大主应力拱外侧地基土受到了可靠的支撑，而在大主应力拱的内侧地基土处于不稳定状态而产生剥落，若在大主应力拱的内侧存在一定厚度的覆土或采取适当支护，则地基土可维持平衡。

对非黏性土，一些文献认为，土拱效应的计算借用地下工程中散粒体成拱作用的普氏理论进行分析是较为适合的。对于黏性土，由于存在黏聚力，目前对土拱效应与桩间距的理论分析，因研究的一些出发点不同而有较大差异。

（1）土拱作用的条件

王乾坤[66]等认为，土拱作用存在须满足三方面的条件：

1）土拱截面上为保证其不破坏，则其应力状态应满足 Mohr-Coulomb 准则。

$$\sigma_3 = \sigma_1 \tan^2\left(45° - \frac{\varphi}{2}\right) - 2c\tan\left(45° - \frac{\varphi}{2}\right) \tag{3-8}$$

式中，$\sigma_1$、$\sigma_3$ 分别为大、小主应力；$\varphi$、$c$ 分别为桩间土体的内摩擦角与黏聚力。

土拱最上面点的受力状态可以表示为：

$$\sigma_1 = \frac{ql}{2bh\tan\left(45° - \frac{\varphi}{2}\right)} \tag{3-9}$$

$$\sigma_3 = \frac{q}{h} \tag{3-10}$$

式中，$h$ 为土拱体厚度，即可认为是桩在滑面以上部分的长度；$l$ 为土拱的跨度；$b$ 为平行于滑动方向的桩体宽度；$q$ 为土拱背侧由周围岩土传递过来的土压力。

将式（3-9）、式（3-10）分别代入式（3-8），可得土拱的跨度

$$l = \frac{q + 2hc\left(\tan\left(45° - \frac{\varphi}{2}\right)\right)}{q\tan\left(45° - \frac{\varphi}{2}\right)} \cdot 2b \tag{3-11}$$

2）桩间土拱体传递到桩前岩土体的力应小于桩前滑体抗滑力[25,49]，则应有

$$\Delta q = q\gamma - \frac{2ch\Delta\gamma}{l} \leqslant q_k \tag{3-12}$$

式中，$q_k$ 为拱前土体内力，可认为是土钉或锚杆合力与主动土压力的差值；$\Delta q$ 为拱前后土体压力差；$\gamma$ 为土体重度；$\Delta\gamma$ 为土体重度差。

由公式（3-12）可推得此时土拱的跨度为：

$$l \leqslant \frac{2ch\Delta\gamma}{q\gamma - q_k} \tag{3-13}$$

3）绕流阻力计算。疏排桩列成一排时，如果相邻桩间距超过一定值时[57,58]，桩间土将发生绕桩滑动，称此时的桩间距值为发生绕流滑动的临界桩间距，可以表示成：

$$l = \left[1 + \frac{1}{2}\tan\mu \cdot \exp\left(\frac{\pi}{2}\tan\varphi\right)\right]a + 2b\exp(\mu\tan\varphi)\sin\mu \tag{3-14}$$

式中，$\mu$ 为被支护体的泊松比，$\mu = 45° + \frac{\varphi}{2}$；$a$、$b$ 分别为桩垂直于滑动方向的宽度和平行于滑动方向的高度。

由以上 3 个控制条件可知，临界桩间距随桩后土体的黏聚力 $c$ 和内摩擦角 $\varphi$ 的增大而增大，随土拱背侧土压力 $q$ 的增大而减小。

（2）合理拱轴线

考虑土体基本不能承受拉应力的材料特性，为了使得分析计算模型简化，列明如下几点假设：

1）由于拱的矢高相对拱的跨度小得多，拱后土压力近似呈均匀分布，其方向由拱外侧指向拱背，如图 3-1 和图 3-2 所示。

2）沿拱轴线各横截面为等截面，且横截面上均不出现拉应力。

3）土拱的跨度即等于相邻疏排桩桩间距。

4）相邻两桩视为土拱的拱脚，无转动约束，为铰支承。

根据以上假设，由力学三铰拱原理可知，合理拱轴线形式为抛物线[2,8,28,29]，其形

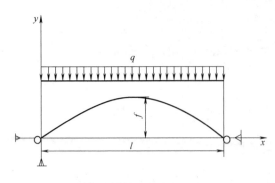

图 3-1　土拱效应及其受力分析

式可以表示成

$$y=4f\frac{x}{l^2}(l-x) \qquad (3\text{-}15)$$

式中，$f$ 为土拱的矢高；$l$ 为土拱的净跨度，按假设 4，即为相邻疏排桩的桩间距。

（3）合理拱高

贾海莉等[26]通过推导认为：拱高只与土的性质有关，而与受到土压力的大小无关，以此为依据，最后得到拱高的公式为

$$f=\frac{l}{4\tan\varphi} \qquad (3\text{-}16)$$

（4）最不利截面

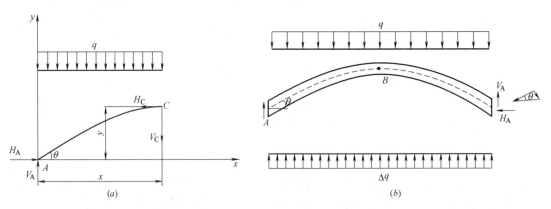

图 3-2　土拱任意截面的受力状态

(a) 拱身截面的受力；(b) 拱脚截面的受力

土拱任意截面的受力状况如图 3-2 所示，根据力学常识，在均布荷载作用下，抛物线拱各截面的内力分布规律为，在拱脚 $A$ 处最大，为 $(ql\sqrt{l^2+16f^2})/8f$，沿轴线向跨中方向逐渐减小，至跨中 $B$ 处内力最小，为 $ql^2/8f$。

根据单向受压条件和等横截面拱圈假设，拱脚横截面正应力应大于跨中处，因此土拱的最不利截面位置在拱脚处。

### 3.1.2　疏排桩-土钉墙组合支护土压力模型及计算

**1. 疏排桩-土钉墙组合支护结构土体分区**

由于桩间土拱的作用，改变了主动土压力滑移面的形状。如图 3-3 所示，根据滑移面及拱的传力路径可将桩后土体分为 5 个区：自由区（Ⅰ区）、拱区（Ⅱ区）、桩间滑移区（Ⅲ区）、桩后滑移区（Ⅳ区）及稳定区（Ⅴ区）。

Ⅰ区为拱内的自由脱落区域，该区域的土体和拱外侧的土体之间基本脱离，系利用土锚结构锚固到背后稳定土体上的。

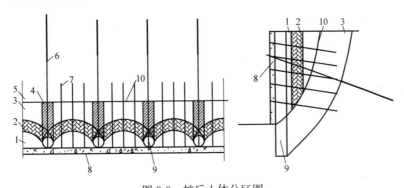

图 3-3 桩后土体分区图

1—自由区；2—土拱区；3—桩间滑移区；4—桩后滑移区；5—稳定区；6—锚索；

7—土钉；8—喷混凝土面层；9—拱脚桩；10—滑移线

Ⅱ区为土拱效应形成的土拱区域，该区域的土体呈暂时的稳定平衡状态，其内部应力满足某种强度准则，如 Mohr-Coulomb 准则等。

Ⅲ区为桩间位于土拱和土钉墙优势滑移线之间的滑移区域，该区域的土体一是通过土拱效应给予支撑，将部分土压力转移传递至疏排桩，另外也通过土锚结构锚固到背后稳定土体上。

Ⅳ区为桩后位于土拱和土钉墙优势滑移线之间的滑移区域，该区域土体的稳定，除了可以直接利用疏排桩的支挡作用外，也可使用土锚结构的锚固作用，将其锚固到背后稳定的土体上。

Ⅴ区为滑移线外侧的稳定区域，该区域土体发生的变形量很小，或者不发生变形，可以为锚固作用提供受力点。

**2. 疏排桩-土钉墙组合支护结构土体（Ⅰ区）滑裂体形式**

根据土拱轴线方程式（3-15），可以绘制出土拱的空间曲面，即如图 3-4（a）所示的抛物柱面拱。但土拱的形态是随着基坑开挖过程，逐步发展形成的，在靠近基坑底部的范围内，由于疏排桩与土钉墙间的位移差异较小，并受到主动滑裂面的限制，使得形成土拱的条件减弱，因此，可将靠近基坑底部范围内的土拱面取为主动滑裂面，如图 3-4（b）所示。

图 3-4 中所标注的拱前滑裂土体是由基坑边坡坡面 $OA$、土拱曲面 $CD$ 和主动滑裂平面 $OE$ 三个面所包围的土体，$H$ 表示基坑深度，$B$ 为疏排桩间距。取主动滑裂面与水平面的夹角为 $\theta = 45° + \varphi/2$，根据图 3-4（b）中几何关系，可得主动滑裂面与基坑顶部相交宽度为：

$$b = H/\tan\left(45° + \frac{\varphi}{2}\right) \tag{3-17}$$

当 $r_0 < b$ 时，可以形成完整的土拱，如图 3-4（b）所示；当 $r_0 > b$ 时，形成不完整的土拱，如图 3-4（c）所示；当 $r_0 = b$ 时，定义 $\chi$ 为疏排桩间距 $B$ 与基坑深度 $H$ 的临界比，由式（3-11）和式（3-17）可得：

$$\chi = 4\tan\varphi/\tan\left(45° + \frac{\varphi}{2}\right) \tag{3-18}$$

根据式（3-18），计算得到 $\chi$ 与 $\varphi$ 的关系曲线，如图 3-5 所示，可见随着土体等效内

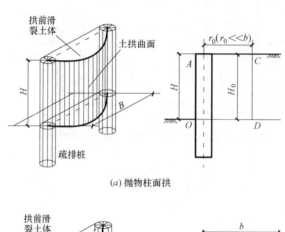

(a) 抛物柱面拱

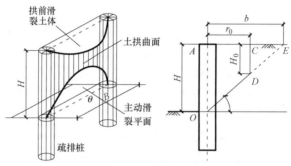

(b) 完整土拱

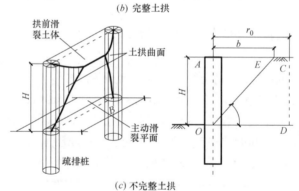

(c) 不完整土拱

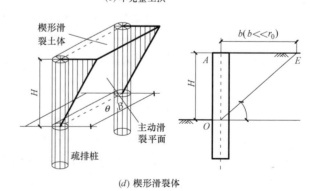

(d) 楔形滑裂体

图 3-4　滑裂区（Ⅰ区）形态

摩擦角 $\varphi$ 的增大，$\chi$ 值逐渐增大，说明土体强度越高，越容易形成完整的土拱。

当 $B/H<\chi$ 时，可以形成完整的土拱，如图 3-4（$b$）所示，沿基坑深度方向完整土拱的范围 $H_0$ 为：

$$H_0=H-\frac{B}{\chi} \qquad (3-19)$$

根据式（3-13）和式（3-19），积分计算，可得拱前滑裂土体的体积 $V$ 为：

$$V=\frac{B^2H}{6\tan\varphi}-\frac{B^3\tan\left(45°+\dfrac{\varphi}{2}\right)}{60\tan^2\varphi} \qquad (3-20)$$

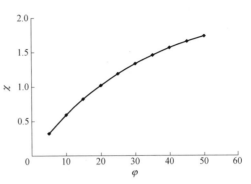

图 3-5 $\chi$-$\varphi$ 关系曲线

当 $B/H>\chi$ 时，形成不完整的土拱，如图 3-4（$c$）所示，积分计算拱前滑裂土体的体积 $V$ 为：

$$V=\frac{B^2H}{6\tan\varphi}-\frac{B^3\tan\left(45°+\dfrac{\varphi}{2}\right)}{60\tan^2\varphi}+\frac{B^{\frac{1}{2}}\left[B\tan\left(45+\dfrac{\varphi}{2}\right)-4H\tan\varphi\right]^{\frac{5}{2}}}{60\tan^2\varphi\tan^{\frac{3}{2}}\left(45+\dfrac{\varphi}{2}\right)} \qquad (3-21)$$

当 $B/H\ll\chi$ 时，拱前滑裂土体可以认为是由基坑边坡坡面 $OA$ 和土拱曲面 $CD$ 两个面所包围的土体组成，如图 3-4（$a$）所示，体积 $V_c$ 为：

$$V_c=\frac{B^2H}{6\tan\varphi} \qquad (3-22)$$

当 $B/H\gg\chi$ 时，拱前滑裂土体将逼近于按照库仑土压力理论形成的楔形滑裂体，如图 3-4（$d$）所示，楔形滑裂土体的体积 $V_0$ 为：

$$V_0=\frac{BH^2}{2\tan\left(45°+\dfrac{\varphi}{2}\right)} \qquad (3-23)$$

根据式（3-20）～式（3-23）可以计算得到拱前滑裂土体的体积 $V$ 与楔形滑裂土体的体积 $V_0$ 的比值 $V/V_0$。图 3-6 所示为 $\chi$ 值从 0.59 到 1.66，$V/V_0$ 和 $B/H$ 的关系曲线，由图 3-6 可见，$V/V_0$ 值随 $B/H$ 值的增大而逐渐趋近于 1.0，即拱前滑裂土体的体积 $V$ 随着 $B/H$ 值增大而逐渐趋于楔形滑裂土体的体积 $V_0$，参照图 3-4 所示的土拱形态，即 $V/V_0$-$B/H$ 的曲线变化关系反映了土拱形态从图 3-4（$a$）抛物柱面拱到图 3-4（$d$）楔形滑裂体的发展过程。这一过程不仅与排桩的间距 $B$ 和基坑的深度 $H$ 有关，而且与土体强度有关，如图 3-6 所示，$V/V_0$ 值随 $\chi$ 值的增大而减小，即 $V/V_0$ 值趋近于 1.0 的速率随着土体内摩擦角的增大而减小，说明随着土体强度的提高，主动滑裂面对土拱的限制作用会减弱，从而为形成完整土拱-排桩-土钉墙相互作用体系提供了更广阔的

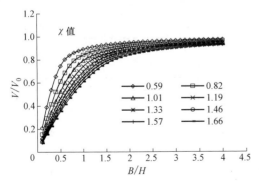

图 3-6 $V/V_0$—$B/H$ 关系曲线

空间。

### 3. 组合支护结构滑裂土体（Ⅰ区）受力模型及桩、土钉墙荷载分担

对拱前滑裂土体进行受力分析，模型如图 3-7 所示，拱前滑裂土体受到的作用力包

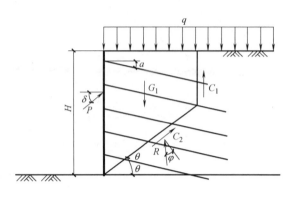

图 3-7 拱前滑裂土体受力模型

括：基坑顶部均布荷载 $q$，方向竖直向下；土体重力 $G_1$，方向竖直向下；桩间土钉墙所承担的土压力 $P$，与水平方向的夹角为 $\delta$；拱前滑裂土体与拱后土体间的土反力，只考虑主动滑裂平面上的作用力 $R$，与作用面法线方向的夹角为 $\varphi$；拱前滑裂土体与拱后土体间的黏聚力，黏聚力分为两部分，分别为分布于土拱曲面上的黏聚力 $C_1$ 和主动滑裂平面上的黏聚力 $C_2$。

对拱前滑裂土体建立平衡条件，可得：

$$P\cos\delta - R\sin(\theta-\varphi) + C_2\cos\theta = 0 \tag{3-24}$$

$$G_1 + qA - P\sin\delta - R\cos(\theta-\varphi) - C_1 - C_2\sin\theta = 0 \tag{3-25}$$

解得：

$$P = (G+qA-C_1)\frac{\sin(\theta-\varphi)}{\cos(\delta+\varphi-\theta)} - C_2\frac{\cos\varphi}{\cos(\delta+\varphi-\theta)} \tag{3-26}$$

式中，拱前土体的重力 $G=\gamma V$；$V$ 为拱前滑裂土体的体积；黏聚力 $C_1$ 可以取 $H$ 范围内土拱曲面对坡面的投影面积计算，即 $C_1 = c(HB - A\tan\theta)$；$A$ 为土拱轴线面与基坑坡面所围面积；黏聚力 $C_2 = cA/\cos\theta$；$\gamma$ 为土体的重度；$c$ 为土体的黏聚强度。

根据库仑土压力的计算方法，可以解得整个支护结构所承担的全部土压力，即图 3-4 (d) 中由主动滑裂面所构成的楔形滑裂土体产生的土压力 $P_0$，即：

$$P_0 = \left(\frac{\gamma BH^2}{2\tan\theta} + \frac{qBH}{\tan\theta}\right) \cdot \frac{\sin(\theta-\varphi)}{\cos(\delta+\varphi-\theta)} - \frac{cHB}{\sin\theta} \cdot \frac{\cos\varphi}{\cos(\delta+\varphi-\theta)} \tag{3-27}$$

由式（3-26）和式（3-27）可以计算得到疏排桩和土钉墙的荷载分担比例。定义土钉墙的荷载分担比 $\lambda = P/P_0$，根据表 3-1 给出的土层参数[9]，计算得到 $\lambda$ 值随着 $B/H$ 值变化的关系曲线，如图 3-8 所示。

土层力学参数        表 3-1

| 序号 | 名称 | 重度 (kN/m³) | 黏聚力 (kPa) | 内摩擦角 (°) | 压缩模量 (MPa) | 层底埋深 (m) |
|---|---|---|---|---|---|---|
| ② | 褐黄粉质黏土 | 18.6 | 14 | 14.7 | 3.74 | 3.09 |
| ③ | 淤泥质粉质黏土 | 17.9 | 5 | 16.5 | 2.59 | 7.26 |
| ④ | 淤泥质黏土 | 17.4 | 10 | 9.0 | 2.16 | 15.99 |
| ⑤ | 灰粉质黏土 | 18.8 | 9 | 17.7 | 4.97 | 28.75 |
| ⑥ | 暗绿粉质黏土 | 19.0 | 36 | 18.2 | 8.74 | 32.66 |
| ⑦ | 黄粉砂 | 18.9 | 4 | 28.5 | 15.28 | |

**4. 墙后土压力传递及重分布**

密排桩或土钉墙支护的土压力按朗肯主动土压力计算，记为 $E_a$（$e_a$）。

疏排桩-土钉墙组合支护，由于土拱作用，将引起土压力重分布，Ⅰ区土体产生的土压力由喷锚结构体承担，此部分由于拱的传递作用转移拱外的土体侧压力，因此比原土钉墙支护承受的土压力要小，记为 $E_1$（$e_1$）。Ⅱ区及拱外滑移土体Ⅲ区的土压力，通过土拱的作用而转移到拱脚抗滑桩上，记为 $E_2$（$e_2$）。

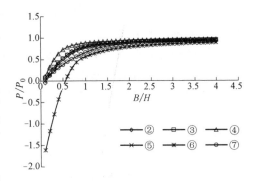

图 3-8 $P/P_0 - B/H$ 关系曲线

桩后Ⅳ区的土体，与单独使用密排桩的情形类似，其土压力直接作用在桩上，记为 $E_3$（$e_3$），其中 $e_3$ 值等于 $e_a$。桩锚结构体承受土压力理论上为 $E_2 + E_3$。实际上，由于土钉体对土体的加固作用及土压力在传递中将会发生一定的损失，记实际土压力为 $\Delta E$，即 $\Delta E < E_a - (E_1 + E_2 + E_3)$。

土拱作用引起土压力重分布见图 3-9。

**5. 疏排桩-土钉墙组合支护结构墙后土压力模型**

（1）模型假定

土压力重新分布的规律及大小的计算是相当复杂的，与土体性质、开挖深度、刚柔挡土结构变形相对大小等因素有关。为分析简化，这里作如下假定：

1）沿拱跨度方向，土拱后土体推力，以及拱前土体对土拱的支撑力都是呈均匀分布的。

2）认为桩间土拱与桩之间的连接为铰接。

3）沿拱轴线的各横截面，其上均不出现拉应力。

4）忽略土压力随变形的发展而引起的非线性变化，土压力以经典朗肯土压力计算。

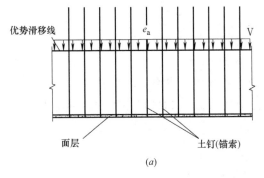

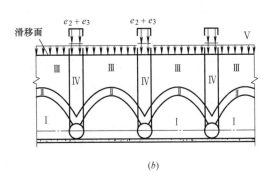

图 3-9 土拱作用引起土压力重分布

（$a$）喷锚支护土压力；（$b$）组合支护土压力

（2）模型建立

从图 3-3 可以看出，在滑移面形成之前，疏桩-土钉墙组合支护疏排桩间土体主要分为，拱前自由区Ⅰ及拱后稳定区Ⅴ两个部分。土拱的稳定平衡，系由拱后稳定区水平土压力、拱脚处拱桩摩阻力和拱前自由区土压力三者维持的。

根据假设和上述分析，以土拱及自由区的土体为研究对象，可以建立图 3-10 所示的疏排桩-土钉墙土压力模型。

图 3-10 中，$q$ 为土拱拱背一侧的朗肯土压力；$\Delta q$ 为土拱前的自由区施加于土拱的压力；$\Delta q'$ 为土拱施加于自由区的土压力，其大小等于 $\Delta q$；$F_u$ 为自由区上表面受到的摩阻力；$F_d$ 为自由区下表面受到的摩阻力；$F_n$ 为单元体区域内受到土钉（锚索）的拉力，

$$F_n = \frac{\sum\limits_{1}^{n} F_1 + F_2 + \cdots F_r}{m} s，$$ 其中，$m$ 为土钉竖向间距，$F_1$，$F_2$，$\cdots F_r$ 为桩间靠近单元体一排各土钉内力的水平分力，以自由区段土钉的摩阻力计算；$V_A$ 为拱脚处受到的竖直向作用力，为桩后土拱传递过来的摩阻力；$H_A$ 为拱脚处受到的水平向作用力。

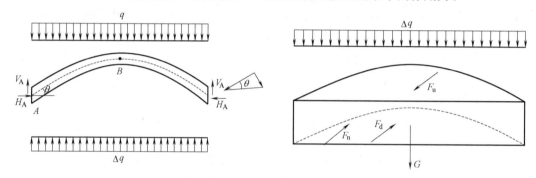

图 3-10　疏排桩-土钉墙土压力重分布模型

### 6. 疏排桩-土钉墙组合支护结构土压力的计算

（1）总土压力的计算

根据平衡条件，以土拱为研究对象，有：

$$\sum_s (q - \Delta q) = 2V_A \tag{3-28}$$

以自由区为研究对象，有：

$$\sum_s \Delta q' + F_u - F_n - F_d = 0 \tag{3-29}$$

$$F_u - F_d = (G + F_V)\tan\varphi + CS \tag{3-30}$$

式中，$S$ 为拱高内自由区的平面面积；$F_V$ 为土拱与自由区交界面上的摩阻力。

由式（3-28）～式（3-30），即可求得 $\sum\limits_s \Delta q$（$\sum\limits_s \Delta q'$）和桩后土拱传递过来的摩阻力 $V_A$。

疏排桩-土钉墙组合支护作用后，桩后总的土压力，即为原始土压力（朗肯土压力计算）的基础上，加上因土拱摩阻力所引起的土压力，即：

$$E = \xi(2V) + E_a \tag{3-31}$$

式中，$E$ 为桩后总土压力；$\xi$ 为摩阻力发挥系数，与影响摩阻力大小的因素有关；$E_a$ 为朗肯主动极限土压力。

（2）总土压力的计算过程

通过前面的分析和推导可以看出，桩后总的土压力的分析和计算，一般经过以下几个步骤。

1）验证土拱效应的形成

由式（3-8）～式（3-14）验证土拱效应的影响区域和程度，确定土拱的矢高和最不利截面。

2）确定滑移面的存在形式

根据土拱的矢高和跨度，结合公式（3-15）和图 3-2～图 3-3，确定土拱作用较强的区域，确定破裂面可能形式。

3）计算桩后土拱摩阻力

根据式（3-28）～式（3-30），计算施加于土拱上的土压力 $\sum_s \Delta q$（$\sum_s \Delta q'$），从而求得桩后土拱传递过来的摩阻力 $V_A$。

4）计算桩后土压力

由公式（3-31），求得桩后总的土压力 $E$。

## 3.1.3 工程实例计算及验证

下面，结合工程实例，对疏排桩-土钉墙组合支护作用下的桩后总土压力的分析计算过程做进一步的说明，并与监测结果进行对比，以验证其适用性。

**1. 工程概况**

以深圳天利商务广场深基坑工程的地质资料进行计算。该基坑设计深度 13.6m，采用疏排桩－土钉墙组合支护结构进行支护，疏排桩间距 4.5m，桩径 1.2m，设 5 排土钉，土钉长度均为 12m，土钉垂直间距 1.2m，水平间距 1.1m。

基坑深度范围内，主要土层参数见表 3-2。

材料参数表（国际单位）                                                    表 3-2

| | 密度<br>（kg/m³） | 弹性模量 | 泊松比 | 黏聚力<br>（kPa） | 摩擦角<br>（°） | 深度<br>（m） |
|---|---|---|---|---|---|---|
| 填土 | 1890 | 5e3 | 0.36 | 25 | 20 | 7.48 |
| 砂混黏土 | 1690 | 8e3 | 0.3 | 22 | 22 | 2.61 |
| 淤泥质土 | 1800 | 5e3 | 0.4 | 15 | 12(5) | 1.34 |
| 砂混黏土 | 1900 | 8e3 | 0.3 | 22 | 22 | 3.57 |
| 砂质黏土 | 1860 | 10e3 | 0.36 | 18 | 20 | 17.72 |

注：表中土层性质参数已考虑土钉锚索对土层的加固作用。

**2. 计算过程**

（1）验证土拱作用形成

1）由式（3-8）～式（3-14）确定，在公式（3-13）中，$q_\gamma = \gamma h$，$h$ 由图 3-2 及图 3-3 求得。$q_k$ 为拱前土体内力，可认为是土钉和锚杆合力与主动土压力的差值。本例为 $h$ 厚度内土钉内力与主动土压力的差值，$c$ 值为 $h$ 内加权平均值。将以上数值代入式（3-12）可得：

2）将 $a=b$ 及 $\varphi$ 代入式（3-13）可得 $l$；

3）由 1）及 2）确定的 $l$ 均大于 4.5m，所以选取 $l=4.5$m 符合设计要求。

（2）由公式（3-8）及图 3-3 确定土拱作用较强的区域，确定破裂面可能形式

对于公式（3-8），由 $l=4.5$m，$h$（由式 3-9 确定）及破裂角（$45°-\varphi/2$）等可以确定破裂面形式：破裂面与土拱面相交线以上区域土拱作用较强，土拱面为不同拱高（$c$、$\varphi$）抛物柱面；该深度以下为抛物柱面与三角平面的交汇面。

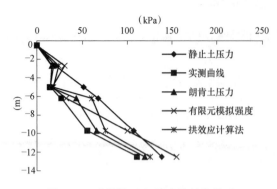

图 3-11　疏排桩-土钉墙支护结构桩后
土压力计算与实测值对比

（3）由式（3-14）～式（3-16）确定 $\sum\limits_s \Delta q'$，从而求得 $V$

$n=3$，$m=1.3$，$F_r$ 为抛物拱外土钉的摩阻力，土钉长为 12m，$G$ 为抛物拱内土体重量，$S$ 为抛物拱的面积。经计算，可得 $V$。由式（3-20）～式（3-23）确定。

（4）由公式 3-31 求得桩后 $E$。

经计算得 $E_a$，如取 $\xi=0.5$，则可得 $E$。

**3. 计算值与实测值对比分析**

上面是按 $c$、$\varphi$ 平均值来计算所得 $E$ 值与实测值曲线对比可见图 3-11，总体趋势上还是有较好的吻合性。B 桩后实测朗肯主动土压力、静止土压力及计算土压力曲线见图 3-11。

## 3.2　稳定性分析及计算

### 3.2.1　疏排桩-土钉墙组合支护稳定性分析方法

疏排桩-土钉墙组合支护结构由注浆土钉、锚杆和疏排桩等共同构成，其稳定性由这些构件共同相互协调作用而实现的。

对疏排桩-土钉墙组合支护的稳定性分析，有两种不同的方法。

一种思路是把疏排桩-土钉墙组合支护整体统一按土钉墙计算。该思路与普通土钉支护的最大区别在于，其面板为刚度和强度较大的、有一个较大插入深度的疏排桩，另外还有一定的锚杆锚固作用。

另一思路是把疏排桩看作为强支点，即土拱的拱脚支撑点，两桩之间的土钉墙视为拱的变形体。整体稳定可按桩锚体系计算，内部稳定性按拱的要求和土钉墙模型计算。

对于疏排桩-土钉墙组合支护来说，疏排桩锚-土钉墙组合支护结构作用的基本原理是通过疏排桩的超前支护作用，在早期开挖过程中控制土体变形并提高基坑稳定性。因为土钉墙的位移主要发生在下层土方开挖后至下层土钉施工完成前这段时间，有桩超前支护可大大减少这部分的位移。再者，由于桩结构一般具有较深的插入深度和较高的刚度、强度，则疏排桩可以加强边界约束，削弱土体内部的塑性变形。在桩体作用下，支护体系的稳定性是需要考虑的一个重要方面。

随着开挖深度的加大，滑移体实际下滑以优势控制面最终形成为前提。优势滑移控制面产生初期，以地面出现滑移性裂缝为先导，并以一定的速率发展变化。采用具有足够"缝合强度"的土钉逐次超前"缝合"优势滑移控制面，则此滑移面将不会萌生，或不致发展形成。如果基坑开挖深度过大，其滑裂面部分超过土钉墙宽度范围时，土钉对整体的稳定作用相对变小，锚杆便发挥其更大作用，与桩构成桩锚支护挡土体系。在桩锚支护作用下，土体内部支护结构刚度的不同、土体变形的非均匀性而产生土拱效应。考虑土拱作用下体系的整体稳定性成为必然。

因此，疏排桩-土钉墙组合支护的稳定性分析，宜采取第二种方法进行，并应分别考虑疏排桩抗滑作用时的稳定性和桩钉锚等共同作用下发生土拱效应时的稳定性。

### 3.2.2 考虑桩抗滑作用的整体稳定性

#### 1. 内部稳定性分析

土质边坡的稳定性分析通常采用滑弧破裂面滑动法。疏排桩-土钉墙支护结构与一般土质边坡计算的主要不同之处在于，当滑弧过锚杆与桩时，锚杆和桩体将提供一定的抗滑力矩和抗拉力矩。

（1）滑弧破坏模式

土坡的滑弧破裂面一般为通过坡脚的圆弧。但在疏排桩-土钉墙组合支护作用下，由于抗滑桩的存在，滑弧破裂面的形式可能为切桩滑弧或过桩底滑弧。

疏排桩-土钉墙组合支护作用下，土体滑裂破坏的主要模式如图 3-12 所示。

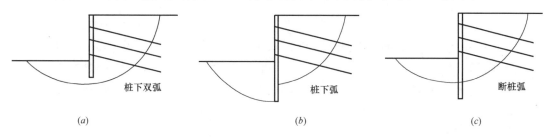

图 3-12　滑弧破坏模式示意图

（a）滑弧在桩下弧；（b）滑弧过桩双弧；（c）滑弧在桩身弧

当锚杆较长，且桩有一定的插入深度时，最危险滑弧将通过桩底，形成桩底滑弧。此时稳定性分析受桩长影响，但最终计算结果不涉及桩的抗滑作用。如图 3-12（a）所示。

假设桩身不破坏，桩底发生一定的位移，桩前部分土体连同桩后部分土体产生滑移破坏；桩前土体破裂仍为滑弧且与桩后土体破裂面具有相同圆心，即形成桩身双弧破裂面。如图 3-12（b）所示。

当土钉较短，桩插入深度较大且嵌入性质较好土层时，最危险滑弧过桩身，形成过桩弧，此时稳定性计算不仅涉及锚杆的抗滑作用，还涉及桩的抗滑作用。如图 3-12（c）所示。

（2）锚杆及土钉的拉力的确定

按规范方法，土钉或锚杆的抗拔力可表示为：

$$T = T_b S_m / \cos\alpha \qquad (3-32)$$

式中，$T$ 为锚杆轴向拉力设计值；$T_b$ 为单位宽度土体水平力标准值；$S_m$ 为锚杆的水平方向间距；$\alpha$ 为锚杆向下倾角。

（3）桩的抗滑力矩计算

桩的抗滑力矩计算简图如图 3-13 所示。

根据规范，计算桩结构抗滑力矩的表达式为：

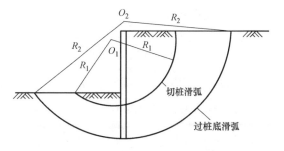

图 3-13　桩的抗力力矩计算简图

29

$$M_p = R\cos\alpha_i \ \sqrt{2M_c\gamma h_i(K_p - K_a)/(d + \Delta d)} \tag{3-33}$$

式中，$M_p$ 为桩的抗滑力矩；$\alpha_i$ 为桩与滑弧切点至圆心边线与垂线的夹角；$M_c$ 为每根桩身的抗弯弯矩；$h_i$ 为切桩滑弧面至坡面的深度；$\gamma$ 为切桩滑弧面至坡面的深度范围内土的重度；$K_p$，$K_a$ 分别为被动极限土压力系数和主动极限土压力系数；$d$ 为桩径；$\Delta d$ 为两桩间净间距。

（4）疏排桩锚-土钉墙支护结构整体稳定性计算

边坡稳定安全系数为：

$$F_s = M_p/M_s \tag{3-34}$$

结合锚杆与桩的抗滑力矩，疏排桩-土钉墙组合支护时的稳定安全系数可表示为：

$$F_s = \dfrac{\sum\limits_i \left[(W_i + Q_i)\cos\alpha_i\tan\varphi_j + c_j\dfrac{\Delta_i}{\cos\alpha_i}\right] + \sum\limits_k \left(\dfrac{T_k}{S_{hk}}\sin\beta_k\tan\varphi_j + \dfrac{T_k}{S_{hk}}\cos\beta_k\right) + \xi M_p}{\sum\limits_i (W_i + Q_i)\sin\alpha_i}$$

$$\tag{3-35}$$

式中，$W_i$，$Q_i$ 为土条 $i$ 的自重和地面荷载，$\Delta_i$ 为土条 $i$ 宽度；$c_j$，$\varphi_j$ 为土条 $i$ 滑弧破裂面所在土层的黏聚力与内摩擦角；$T_k$ 为第 $k$ 排锚杆提供的拉力；$S_{hk}$ 为第 $k$ 排锚杆水平间距；$\beta_k$ 为第 $k$ 排锚杆轴线与该破坏面切线之间的夹角；$\varphi_j$ 为第 $k$ 排锚杆滑弧破裂面处土层的内摩擦角；$\xi$ 为抗力发挥系数。

**2. 外部稳定性分析**

将土钉墙视为复合土体的重力式挡土结构，进行下列三个方面的验算。

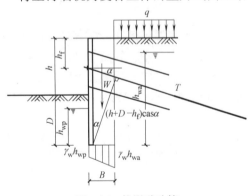

图 3-14　抗滑移验算

（1）抗滑移验算

如图 3-14 所示，水平滑动稳定抗力分项系数可以表示成：

$$\gamma_1 = \dfrac{\sum E_p + (G - U)\tan\varphi_{cu} + c_{cu}B + T\cos\alpha}{\sum E_a + \sum E_w} \tag{3-36}$$

式中，$\sum E_p$、$\sum E_a$ 分别为被动和主动极限土压力的合力；$\sum E_w$ 为作用于墙前墙后水压力的合力；$\varphi_{cu}$ 为墙底处土的固结快剪摩擦角；$c_{cu}$ 为墙底处土的固结快剪黏聚力；$\gamma_1$ 为水平滑动稳定抗力分项系数；$T$ 为锚杆设计抗拔力；$\alpha$ 为锚杆布设倾角。

（2）抗倾覆验算

$$\gamma_1 = \dfrac{\sum M_{E_p} + G\dfrac{B}{2} - Ul_w + T(h + D - h_t)\cos\alpha}{\sum M_{E_a} + \sum M_w} \tag{3-37}$$

式中，$\sum M_{E_p}$、$\sum M_{E_a}$ 分别为被动土压力与主动土压力绕墙前趾 $O$ 点的力矩和；$\sum M_w$ 为墙前与墙后水压力对 $O$ 点的力矩之和；$G$ 为墙身重量；$B$ 为墙身宽度；$U$ 为作用于墙底面上的水浮力，$U = \dfrac{\gamma_w(h_{wa} + h_{wp})}{2}$，其中，$h_{wa}$ 为主动侧地下水位至墙底的距离，$h_{wp}$ 为被动侧地下水位至墙底的距离；$l_w$ 为作用于墙底面上的水浮力合力 $U$ 的作用点距 $O$ 点的距离；$T$ 为锚杆设计抗拔力；$h_t$ 为锚杆距地面距离；$\alpha$ 为锚杆倾角。

（3）抗隆起验算

如图 3-15 所示，当需考虑桩墙弯曲抗力作用下坑底土体向上隆起效应时，可按下式进行验算：

$$\gamma_h = \frac{M_p + \int_0^x \tau_0 (D d\theta)}{(q + \gamma h) \cdot D^2/2} \qquad (3\text{-}38)$$

式中，$\gamma_h$ 为抗隆起安全系数；$\tau_0$ 为潜在滑移面上的剪应力。其他符号意义同前。

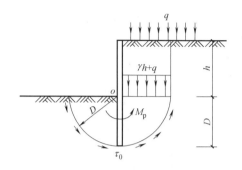

图 3-15 基坑底抗隆起稳定性验算

### 3.2.3 考虑土拱作用的整体稳定性

**1. 整体稳定性分析**

考虑土拱作用时的疏排桩-土钉墙支护的整体稳定性分析，可采用桩锚支护的稳定性分析方法，只是原使用的朗肯土压力须用 $E_2 + E_3$ 代替。滑移面以上的土压力，考虑土拱作用时，可结合图 3-16～图 3-18，按式（3-28）进行计算，并按桩及土拱组合体的抗弯弯矩进行换算。滑移面以下可视为无土拱作用，未发生位移差，用朗肯土压力计算。整体变形及内力等可按规范[68-70]计算，桩锚支护模型采用"$m$"法进行分析。

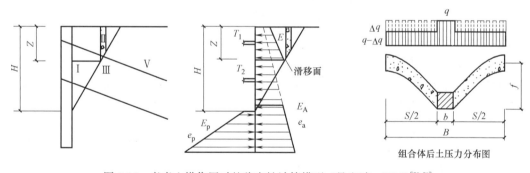

图 3-16 考虑土拱作用时整稳定性计算模型（吴忠诚，2006）[78,79]

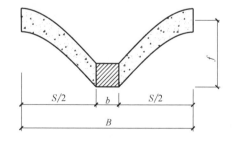

图 3-17 疏桩与土拱组合体的抗弯矩计算简图

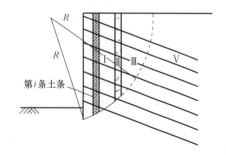

图 3-18 考虑土拱作用时局部稳定性计算

**2. 桩间土内部稳定性分析**

桩间土内部稳定性分析可按条分法进行稳定性分析，安全系数的表达式为[59,60]

$$F_{s} = \frac{\sum_i \left[ (W_i + Q_i)\cos\alpha_i \tan\varphi_j + c_j \dfrac{\Delta_i}{\cos\alpha_i} \right] + \sum_k \left( \dfrac{T_k}{S_{hk}}\sin\beta_k \tan\varphi_j + \dfrac{T_k}{S_{hk}}\cos\beta_k \right)}{\sum_i (W_i + Q_i)\sin\alpha_i}$$

(3-39)

从式（3-39）可见，分子第一项及分母都比滑弧形滑动时小，而分子第二项由于滑裂面的内移而变大，因此在土钉参数及土层参数不变时，稳定系数要比无拱状态时大得多。

**3. 土钉荷载值计算**

较土钉墙支护结构来说，在疏排桩-土钉墙支护的设计中，因土拱结构体及作用于土

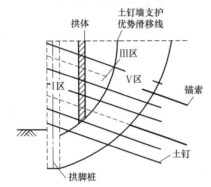

图 3-19　土钉荷载值计算简图

拱上且位于土钉墙滑移面内的土体，如图 3-19 中Ⅲ区的土体，其位移变化要小得多，在计算土钉荷载值时，可视其为稳定土体，不计它们对土钉的侧压力。因此，在土拱作用范围内，土钉荷载值为自由塌落区内土的自重引起的侧压力 $p_l$ 及土拱面积上附加荷载引起的侧压力 $p_q$，在土拱作用范围外，按土钉墙滑移面内的朗肯土压力计算。单根土钉受拉荷载标准值可按图 3-19、图 3-20 和式（3-40）～式（3-41）进行计算。

在土拱作用范围区域内，土钉受拉荷载的标准值为：

$$T_{jk} = \frac{1}{\cos\alpha}\xi p S_{xj} S_{zj}$$

(3-40)

式中，$T_{jk}$ 为第 $j$ 根土钉受拉荷载的标准值；$\alpha$ 为土钉的倾角；$\zeta$ 为作用面积范围内Ⅰ区和Ⅲ区内土钉长度之比，即 $\zeta = V_1/V_2$，其中，$V_1$、$V_2$ 分别为Ⅰ区内土钉的长度与Ⅲ区内土钉的长度；$p$ 为在土拱范围内的土钉部分的中点所在位置的土压力；$S_{xj}$ 为土钉的水平间距；$S_{zj}$ 为土钉的垂直间距。

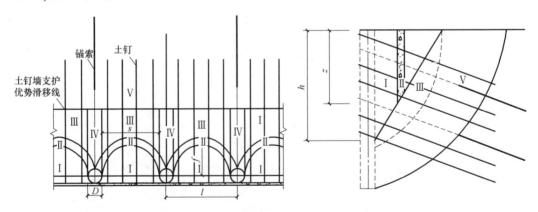

图 3-20　疏排桩-土钉墙组合支护土钉抗拔力验算简图

在土拱作用范围区域外，土钉受拉荷载的标准值为：

$$T_{jk} = \frac{1}{\cos\alpha} p' S_{xj} S_{zj}$$

(3-41)

式中，$p'$ 为土钉中点所在深度位置的侧压力；其他符号意义同前。

因所计算的土钉部位和深度不同，一般说来，$p$、$p'$ 的大小并不相等。但它们都由两部分组成，一部分是由土体自重引起的侧压力 $p_l$，一部分是因地表均布荷载引起的侧压力 $p_q$。

$p_l$ 可按以下方法进行近似计算：

对于 $c/\gamma/H \leqslant 0.05$ 的砂土和粉土

$$p_l = 0.55 k_a \gamma H \tag{3-42}$$

对于 $c/\gamma/H > 0.05$ 的一般黏性土

$$p_l = k_a \left(1 - \frac{2c}{\gamma H} \frac{1}{\sqrt{k_a}}\right) \gamma H \leqslant 0.55 k_a \gamma H \tag{3-43}$$

$p_q$ 则可按以下方法进行计算：

$$p_q = k_a q \tag{3-44}$$

式（3-42）～式（3-44）中，$k_a$ 为主动土压力系数，$k_a = \tan^2\left(45° - \dfrac{\varphi}{2}\right)$。其他符号意义同前。

当有地下水及其他荷载作用时，在用式（3-40）、式（3-41）进行土钉荷载值计算时，亦应考虑由此产生的侧向压力。

**4. 单根土钉抗拉承载力验算**

在面层侧压力作用下[71]，土钉杆体强度应满足下式要求：

$$1.5 T_{jk} \leqslant A_g f_{yk} \tag{3-45}$$

式中，$A_g$ 为土钉杆体面积；$f_{yk}$ 为钢筋抗拉强度标准值；其余符号意义同前。

内部潜在滑移面内或土拱轴线之后有效锚固段内，应满足下式要求：

$$1.5 T_{jk} \leqslant T_{uj} \tag{3-46}$$

式中，$T_{uj}$ 为土钉抗拔力设计值。

重要基坑工程的土钉抗拉承载力设计值应通过试验确定，对一般的基坑工程可按下式计算：

$$T_{uj} = \pi d_{uj} \sum q_{sik} l_i \tag{3-47}$$

式中，$d_{nj}$ 为第 $j$ 根土钉锚固体的直径；$q_{sik}$ 为土钉穿越第 $i$ 层土体与锚固体极限摩阻力标准值；$l_i$ 为第 $j$ 根土钉在直线破裂面外或土拱轴线外穿越第 $i$ 稳定土体内的长度。

## 3.2.4 疏排桩-土钉墙支护结构强度校核

**1. 拱形结构强度校核[72-78]**

根据 3.1.1.4 分析可知，土拱最不利截面为拱脚处截面，且拱脚处最大轴力为：

$$N_t = \frac{\left[(q - \Delta q) l \sqrt{l^2 + 16 f^2}\,\right]}{8 f} \tag{3-48}$$

若假定拱截面为方形，边长为桩宽（为方桩时），如是圆桩，按下式折算：

$$D = \frac{\sqrt[4]{3\pi}}{2} d \tag{3-49}$$

则有土拱强度校核公式：

$$\frac{4 N_t}{\pi D^2} \eta \leqslant q_u \tag{3-50}$$

式中，$\eta$ 为安全系数，取 1.5；$q_u$ 为土体无侧限抗压强度。

**2. 疏排桩长度、弯矩及锚索拉力的计算**

疏排桩的长度、弯矩及锚索拉力可以用桩锚支护相关方法进行计算。其中土压力按式（3-28）～式（3-31）计算。

### 3.2.5 疏排桩-土钉墙组合支护结构稳定性计算

疏排桩-土钉墙组合支护结构稳定性计算过程：

（1）按式（3-39）计算桩间土钉墙局部稳定性；

（2）按式（3-40）～式（3-47）确定校核土钉分布参数；

（3）按式（3-28）～式（3-31）确定桩后土压力；

（4）按桩锚支护的相关计算方法确定锚索拉力及桩嵌固深度；

（5）计算桩弯矩，按弯矩大小进行桩配筋大小。

## 3.3 变形特性分析及计算

### 3.3.1 考虑土拱作用时的变形特性分析

由现场实测位移数据可知：疏排桩-土钉墙组合支护整体上位移由疏排桩加锚索支护结构控制，表现出桩锚支护结构的位移特征。由于其土压力分布较主动土压力有较大不同，位移上表现也相差较大。土拱作用发生在位移较大的桩的中上部，由于土拱作用，桩间土钉墙支护部分的部分土压力会传递到疏排桩上，桩上承受的土压力会增大，桩下面部分土体的位移较小，土拱作用较弱，桩上承受的土压力主要为主动土压力[79-87]。

桩及桩后土体的变形是由桩身强度、锚索拉力及水土压力等相互作用而引起的。桩间土体受土钉墙支护体约束，基坑开挖后，桩间土体发生的位移较支护桩大，桩间土体会产生土拱作用，土拱形成后，桩间土体以土拱为界分成两个部分，土钉主要作用机理是维持土拱内的自由土体的稳定。这部分土体的位移在土拱产生前已达极限值，土拱产生后会通过土钉与土拱联系成一体，位移也会随着土拱位移的发展而发展。土拱是在桩间土钉支护位移发展到一定阶段才产生的，土拱形成后，其后土体位移的发展会受到土拱的制约；而土拱的位移会受到拱脚桩位移的限制，应与桩的位移趋势保持一致；只是由于土拱具有一定的塑性，位移的发展会较缓慢。土拱位移发展时，自由区土体土压力会增大，会限制其位移的进一步发展，由于土拱是个具有一定塑性的拱结构，传递内力时须有一个塑性发展的过程，因此时间上会有一个延迟的间隔；由于土拱结构具有空间性，抗弯弯矩较大，拱后土压力又大部分转为拱轴力，所以位移增长速率比疏桩慢，位移增长数值也小很多，体现了疏桩-土钉墙支护的土拱空间效应。因此，土拱后土体位移会较桩身位移小。位移实测曲线很好的验证了这点。图 3-21 显示的是标高－2.0m 处的桩身位移及桩间拱后土体的位移曲线，其他标高也有类似的情形。

### 3.3.2 与桩锚、复合土钉墙的位移比较分析

图 3-22 表示桩身位移、桩间拱后土体位移、$m$ 法计算的桩锚位移的对比曲线，从

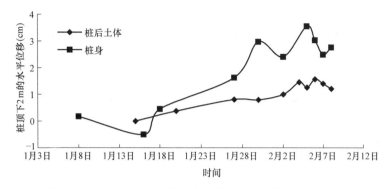

图 3-21 标高−2.0m 处的桩身及桩间拱后土体位移曲线比较

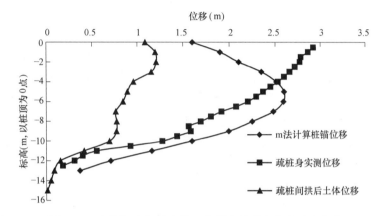

图 3-22 疏排桩-土钉墙支护、桩锚支护桩身位移对比曲线

图 3-22 分析可知，桩锚的桩身位移与疏桩桩身位移在−5.0m 以上有明显不同，桩锚支护时锚索效应明显，随着基坑的开挖，桩顶受锚索约束，最大位移点逐渐下移，到−5.0m 达到最大值；疏桩的最大位移点出现在桩顶下 1.0m 处，且不随开挖深度而变化。这可从土压力分布上得到解释，因为从前述计算及实测土压力上可知，本例土拱效应最强的区域处于桩顶至桩下 5.0m 范围内，疏桩在该范围受到了来至土拱作用传递来的较大部分土压力，因此，此部分产生的位移也较大。至−5.0m 以下土拱作用变弱，土压力接近于主动土压力，桩身位移的发展趋势便趋同于桩锚支护形式了，数值上也差别不大。

从图 3-21 及图 3-22 复合土钉墙位移深度曲线可见，复合土钉墙与疏桩锚、桩锚的位移曲线明显不同：复合土钉墙的位移变化比较均匀，位移最大点处于坡顶位置处，9m 以上位移都较大，且接近于位移最大值。而疏桩锚、桩锚随着深度增大，位移（桩锚−5.0m 以下）近于成直线下降，显示了疏桩锚、桩锚支护结构控制位移方面及可大幅度增大基坑支护深度等方面，较复合土钉墙的优势。

### 3.3.3 疏排桩-土钉墙组合支护位移计算

从以上疏排桩-土钉墙组合支护的位移特性分析可知：疏排桩-土钉墙组合支护的位移，整体上是由疏桩锚结构的位移控制的。桩间土钉墙变形趋势与疏桩锚结构相似，但其大小要远小于疏桩锚结构。因此，出于安全可靠的考虑，按保守做法，疏排桩-土钉墙组合支护结构位移的计算，以疏桩锚结构的位移计算为主。桩间土钉墙重点是进行局部稳定性分析。

目前计算桩锚结构位移的主要方法有：$m$ 法及有限元分析法。本节主要讨论 $m$ 法的计算方法。

**1. $m$ 法计算参数的选取**

使用理正深基坑支护结构设计软件进行分析计算，计算方法采用 $m$ 法。计算过程中，所使用的参数及其取值，如表 3-3～表 3-8 所示。

计算原则及方法、支护结构尺寸 表 3-3

| 项　目 | 内容/取值 | 项　目 | 内容/取值 |
|---|---|---|---|
| 内力计算方法 | 增量法 | 桩直径(m) | 1.2 |
| 规范与规程 | 建筑基坑支护技术规程 JGJ 120—99 | 桩间距(m) | 1.2 |
| 基坑等级 | 一级 | 混凝土强度等级 | C25 |
| 基坑重要性系数 | 1.00 | 有无冠梁 | 有 |
| 基坑深度(m) | 13.500 | ├冠梁宽度(m) | 1.2 |
| 嵌固深度(m) | 6.000 | ├冠梁高度(m) | 0.8 |
| 桩顶标高(m) | −5.000 | └水平侧向刚度(MN/m) | 0.0 |
| 放坡级数 | 1.0 | 超载个数 | 2.0 |

注：超载个数 2 为土拱作用传递来的折算荷载。

放坡信息 表 3-4

| 坡号 | 台宽(m) | 坡高(m) | 坡度系数 |
|---|---|---|---|
| 1 | 2.500 | 5.000 | 0.300 |

拱结构传递土压力折算成荷载 表 3-5

| 超载序号 | 类型 | 超载值 | 作用深度(m) | 作用宽度(m) | 距坑边距(m) | 形式　　长度(m) |
|---|---|---|---|---|---|---|
| 1 | ▼▼▼▼▼▼ | 10.000 | 0 | 30 | 5 | —　　— |
| 2 | ▼▼▼▼▼▼ | 50.000 | 5 | 4 | 0 | —　　— |

土层及水位信息 表 3-6

| 项　目 | 内容/值 | 项　目 | 内容/值 |
|---|---|---|---|
| 土层数 | 4 | 坑内是否加固土 | 否 |
| 内侧降水最终深度(m) | 13.500 | 外侧水位深度(m) | 13.500 |
| 水位是否随开挖过程变化 | 否 | 弹性法计算方法 | $m$ 法 |

土层参数 表 3-7

| 层号 | 土类名称 | 层厚(m) | 重度(kN/m³) | 浮重度(kN/m³) | 黏聚力(kPa) | 内摩擦角(°) | 与锚固体摩擦阻力(kPa) | 黏聚力水下(kPa) | 内摩擦角水下(°) | 水土合算 | 计算$m$值(MN/m⁴) | 抗剪强度(kPa) |
|---|---|---|---|---|---|---|---|---|---|---|---|---|
| 1 | 杂填土 | 7.0 | 18.0 | — | 15 | 12 | 40.0 | — | — | — | 1.48 | — |
| 2 | 淤泥质土 | 2.0 | 16.5 | — | 15 | 10 | 20.0 | — | — | — | 0.80 | — |
| 3 | 黏性土 | 3.5 | 18.0 | — | 20 | 25 | 80.0 | — | — | — | 7.50 | — |
| 4 | 黏性土 | 17.0 | 20.0 | 10.0 | 20.00 | 28 | 100.0 | 20.00 | 18.00 | — | 6.68 | — |

注：此参数根据土钉及锚杆对土层性质改善进行了调整。

| 支锚道号 | 支锚类型 | 水平间距 (m) | 竖向间距 (m) | 入射角 (°) | 总长 (m) | 锚固段长度 (m) | 预加力 (kN) | 支锚刚度 (MN/m) | 锚固体直径 (mm) | 工况号 | 抗拉力 (kN) |
|---|---|---|---|---|---|---|---|---|---|---|---|
| 1 | 锚索 | 1.200 | 5.100 | 15.00 | 25.00 | 20.00 | 250 | 15.00 | 150 | 2～ | 1.00 |
| 2 | 锚索 | 1.200 | 4.000 | 15.00 | 25.00 | 20.00 | 250 | 15.00 | 150 | 4～ | 1.00 |

支锚信息　　　　　　　　　　　　　　　　　表 3-8

注：支撑道数共计 2 道。

**2. $m$ 法计算结果及分析**

按表 3-3～表 3-8 所确立的计算方法、参数及其取值，计算的坑壁土压力分布规律如图 3-23 所示，相应的坑壁位移、弯矩和剪力如图 3-24 所示。

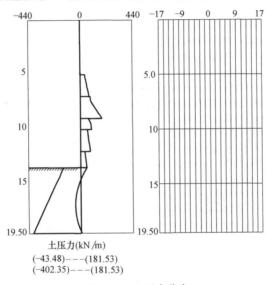

土压力(kN/m)
(-43.48)---(181.53)
(-402.35)---(181.53)

图 3-23　土压力分布

工况5--开挖(13.50m)　　　　　　　　　　包络图

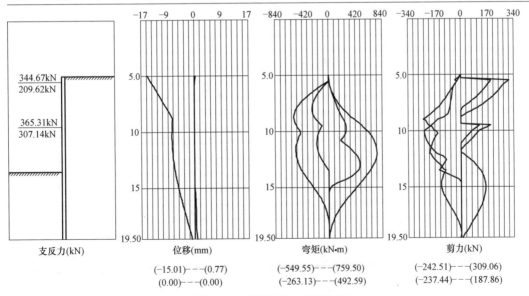

支反力(kN)　　　位移(mm)　　　　弯矩(kN·m)　　　　剪力(kN)
　　　　　　　(-15.01)---(0.77)　　(-549.55)---(759.50)　　(-242.51)---(309.06)
　　　　　　　(0.00)---(0.00)　　　(-263.13)---(492.59)　　(-237.44)---(187.86)

图 3-24　坑壁位移、弯矩及剪力

37

从图 3-24 可以看出，在疏排桩-土钉墙组合支护作用下，坑壁位移能得到较好的控制。其最大位移量发生在坑顶处，约为 15mm 左右，远小于深圳地区深基坑支护结构的安全控制标准[79]。

# 3.4　小结

疏排桩-土钉墙组合支护技术是一项新型支护技术，对其支护作用时的土压力特性、稳定性及其变形特征进行分析，具有重要的意义。

（1）对疏排桩-土钉墙组合支护时土压力分布的主要影响因素进行了分析，建立了疏排桩-土钉墙组合支护结构的复合土体变形模量、黏聚力、内摩擦角的计算方法。

（2）根据滑移面及拱的传力路径将桩后土体分为 5 个区：自由区（Ⅰ区）、拱区（Ⅱ区）、桩间滑移区（Ⅲ区）、桩后滑移区（Ⅳ区）及稳定区（Ⅴ区）；建立了疏排桩-土钉墙组合支护的桩后土体的分区模型。以此为依据，推导出了土压力计算公式和相应程序。

（3）将疏排桩视为强支点-拱脚，两桩之间的土钉墙视为拱的变形体，整体稳定可按桩锚体系计算，内部稳定性按拱的要求和土钉墙模型来计算。获得了疏排桩锚-土钉墙支护作用时，内部稳定性和整体稳定性的分析计算方法和公式。

（4）讨论了考虑土拱作用时的支护体系的变形特征。分析认为疏排桩-土钉墙组合支护，整体上位移由疏排桩加锚索支护结构控制，表现出桩锚支护结构的位移特征。土拱作用发生在位移较大桩的中上部，桩间土钉墙支护的部分土压力会传递到疏排桩上，桩上承受的土压力会有所增大，基坑的下面部分土体位移小，土拱作用较弱，桩上承受的土压力主要为主动土压力。土压力的分布特点导致中上部位移较大，且收敛较快。结合理正软件的实例计算，与实测结果对比，认为疏排桩-土钉墙组合支护对坑壁变形及其位移具有较好的控制效果，是一种具有广泛应用前景的支护新技术。

# 第4章　疏排桩-土钉墙组合支护的原位测试

目前国内外对疏排桩-土钉墙组合支护技术的研究应用还不多，现场测试数据极其缺乏，对其稳定、变形情况也缺乏了解，这种现状大大限制了对该支护方法的研究、发展、推广和应用。

通过对疏排桩-土钉墙组合支护的大型现场测试，可以掌握该支护方法的土压力、稳定及变形方面的一些规律，为验证理论分析和设计方法的正确性提供翔实可靠的依据。

## 4.1　测试项目及目的

现场测试的主要项目有，开挖扰动前后基坑的变形特性和支护结构的力学特征两个方面。通过对坑壁变形和支护结构力学特性的测试，即可分析该支护技术的支护效果，为优化改进该支护技术提供依据。对基坑变形的监测主要包括对坑壁水平垂直位移的观测、坑壁坑周土压力、坑周沉降以及坑周地下水位的变化等信息的观测；支护结构的力学特性监测，主要包括对土钉、锚索的内力、桩身应力、桩身变形、桩后土压力的监测。

分析这些监测的数据和结果，以期获得疏排桩-土钉墙组合支护时的基坑变形特性、土压力分布状况、各支护结构实体的作用机理等方面的规律，对疏排桩-土钉墙组合支护时的支护效果进行评估，对环境影响给予评判。同时，通过理论分析，获得疏排桩-土钉墙组合支护时的土压力分布规律，建立该支护方式的稳定性模型，分析其变形特性，为设计提供经验数据。

## 4.2　测试依据及标准

测试的技术要求和各监控参数的控制标准，主要遵从于《建筑变形测量规程》JGJ/T 8—97、《工程测量规范》GB 50026—2007、《建筑基坑支护技术规程》JGJ 120—99、《深圳地区建筑深基坑支护技术规范》SJG 05—96 中的相关规定。如，对施工过程中的变形基本按表4-1的规定给予监控。

深圳地区深基坑工程支护结构安全控制标准　　　　　　　　　表 4-1

| 基坑等级 | 墙顶位移(mm) | 墙体最大位移(mm) | 地面最大沉降(mm) |
|---|---|---|---|
| 一级 | 30 | 50 | 30 |
| 二级 | 60 | 80 | 60 |

注：三级基坑通常宜按二级基坑的标准控制，当环境条件许可时，可适当放宽。

## 4.3　假日广场基坑工程原位测试

### 4.3.1　工程概况

#### 1. 平面布置及特点

假日广场深基坑支护工程位于深圳市南山区华侨城以西，北邻世界花园，南靠深南大道和深圳地铁，与东侧的世界之窗和五星级深圳威尼斯酒店隔路相望。场地西北东三面邻近市政道路，道路周边分布有世界花园供水管道和排污管道、市政雨水管道和燃气管道以及通信光缆等，周边环境较为复杂。基坑平面布置图如图 4-1 所示。

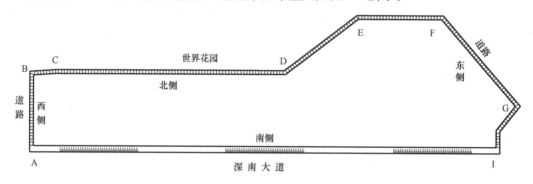

图 4-1　基坑平面布置图

基坑东西向长 308.2m，南北向宽 46.5～82.5m，总开挖面积近 20000m²。基坑东西北三侧设计深度为 17.6～21.0m，南侧设计深度为 13.8～18.7m。

该基坑开挖深度大、安全要求高、基坑支护安全等级为一级。基坑东西北三面邻近市政道路且伴有复杂的地下管线，应采取可靠的支护结构，以确保道路及建筑物的安全。工程土石方开挖量大，土石方量总计约 350000m³，岩石爆破最大深度达 14.4m，爆破采用中深孔爆破，爆破振动对基坑支护边坡有较大影响。

#### 2. 地层及其特征

场地地层由第四系人工填土层、坡洪积层、残积层和燕山期基岩组成，地质柱状图及其描述如图 4-2 所示。

#### 3. 支护及开挖方案

基坑支护方案为，基坑东、西、北侧采用护坡桩和预应力锚索并结合上部放坡土钉墙支护。护坡桩为人工挖孔灌注桩，直径 1.2m，含护壁直径 1.5m，护坡桩桩间距 2.1～2.3m；桩顶设钢筋混凝土冠梁并布设一排长度 22m 预应力锚索，桩身上设两排混凝土腰梁并设两排预应力锚索进行锚固，锚索长度分别为 21m、19m。桩顶以上部分设置 4 排放坡土钉墙支护。

基坑南侧采用土钉＋预应力锚索型复合土钉墙支护，坡面 80°，共计布置 10 排土钉锚索，第 1、2、4、6、8、9、10 排为土钉，土钉采用直径 22/25mm 的二级钢筋，水平、垂直间距为 1.4m，倾角 10°，从上往下长度分别为 8m、8m、12m、8m、8m、8m、6m；第 3、5、7 排为预应力锚索，水平、垂直间距亦为 1.4m，倾角 15°，从上往下锚索长度分别

| 时代成因 | 柱状图 | 厚度(m) | 主要岩性及特征 |
|---|---|---|---|
| $Q^{ml}$ | | 0.3~5.1 | 素填土：褐红色、褐黄色，以黏性土为主，含少量碎石及生活垃圾，局部有填块石，稍湿—湿，松散 |
| $Q^{dl+pl}$ | | 0.9~6.2 | 含砾黏土：褐红、褐黄色，黏性土为主，不均匀含有石英砾8.6%~38.3%，局部地段含砂量较高，可—硬塑，稍湿—湿，该层在南侧缺失 |
| $Q^{el}$ | | 1.00~21.2 | 砾质粉质黏土：褐红、褐黄色，由粗粒花岗岩残积而成，原岩结构可辨，除石英砂岩外其他矿物均风化成黏性土，石英砾含量1.6%~47.4%，稍湿，硬塑 |
| $\gamma_5^3$ | | 未见底 | 粗粒花岗岩：主要成分为长石、石英及云母，基坑开挖范围在北侧揭露到其中风化 |

图 4-2 地质柱状图及描述

18m、17m、16m，自由段都为5m，锚索设计拉力200 kN。腰梁为400mm×600mm矩形钢筋混凝土梁。

基坑开挖和支护分11步进行，第一步开挖深1.25m，往下每步开挖深度为1.4m，最后一层开挖为0.5m，但实际施工中分10步开挖，最后一步开挖1.9m。

## 4.3.2 测试方案

**1. 土钉内力监测**

（1）测点布置

从距端部1m开始，各排土钉上均每隔2m设钢筋应力传感器1个，第1、2、4、6、8、9和10排土钉分别设钢筋应力传感器4、4、6、4、4、4和2个。测点布置详见图4-3。

（2）仪器选择

钢筋应力传感器采用DJL-2型振弦式钢筋计。DJL-2型振弦式钢筋计如图4-4所示。其钢筋计连接杆直径为22mm，长度为600mm，拉力量程为0~200MPa，压力量程为0~100MPa，非线性度≤0.5% F.S.，灵敏度为0.07% F.S.，工作的允许环境温度范围为－20~＋80℃。该仪器准确度高，长期稳定性好，温度影响小，易于焊接安装，可接长电缆但不产生附加误差。

土钉内力的读取采用国产XP-02型振弦频率读数仪。XP-02型振弦频率读数仪如图4-5所示，其基本原理是先测量传感器钢弦频率，通过预先标定的传感器应力-振动频率标定曲线计算内力的大小。该仪器测量范围为500~5000Hz，测量精度为±0.1Hz，工作的环境温度范围为－5~＋55℃，测试距离1000m。

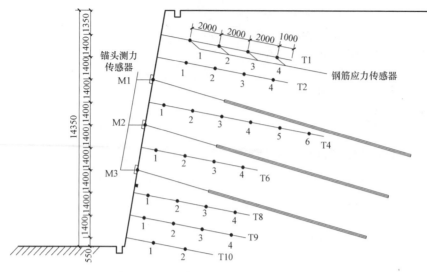

图 4-3　土钉拉力及锚索锚头作用力测点布置图

图 4-4　DJL-2 型振弦式钢筋计

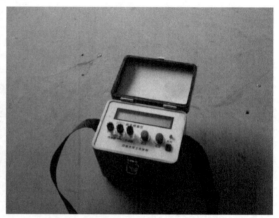

图 4-5　XP-02 型振弦频率读数仪

（3）仪器安设

传感器的安装与各层土钉的施工同时进行。采用与土钉筋体串联焊接的方式，首先将连接杆与切段的土钉钢筋进行帮焊连接，然后将传感器接入土钉钢筋中，测试导线沿杆体侧边引至外端头，并在接近外端头 2m 范围内缠绕抗热保护层，以防土钉外端头在焊接加强筋时损坏导线。测试导线在完成面层喷混凝土后引至地面的集线盒上。

（4）监测频率

每个钢筋应力计根据开挖支护过程，基本每 1～3 天测一次。

**2. 锚头压力监测**

（1）测点布置

在第 3、5 和 7 排预应力锚杆上，各设锚头测力计 1 个。锚头压力的测点布置详见图 4-3 中 M1、M2、M3。

（2）仪器选择

预应力锚索锚头压力传感器采用 MJL-2 型振弦式锚头测力计，如图 4-6 所示。该测力计标准量程为 250～999kN，精度为 0.5% F.S.，分辨率为 0.025% F.S.，工作时的环境温度范围为 -40～ +65℃。MJL-2 型振弦式锚头测力计具有很高的精度和灵敏度、卓越防水性能和长期稳定性。由一根专用的多芯屏蔽电缆传输频率和温度电阻信号，频率信号不受电缆长度的影响，适合在恶劣的环境下长期监测锚索的荷载变化。

图 4-6　MJL-2 型振弦式锚头测力计

与土钉内力监测结果的读取一样，预应力锚杆锚头压力的读取也采用国产 XP-02 型振弦频率读数仪。

（3）仪器安设

传感器的安装与各层锚索的张拉施工同时进行。在对锚索施加预应力的同时，将 MJL-2 型振弦式锚头测力计安装上去，固定接好线并将线头引向地面的读数仪。

（4）监测频率

根据开挖支护过程，基本每 1～3 天对每个锚头测力计计数一次。

**3. 土压力监测**

（1）测点布置

在图 4-1 所示的 A、B 两剖面上，各布置了 9 个土压力盒，分别安放于混凝土面层与土体的接触面上，且位于各排土钉之间。

（2）传感器选择

土压力传感器采用 TYL-20 型振弦式土压力盒。该仪器适用于测量土石坝、防波堤、护岸、码头岸壁、高层建筑、桥墩、挡土墙、隧道、地铁、机场、公路、铁路、防渗墙结构等建筑基础与土体的压应力，是了解被测物体内部土压力变化量的有效监测设备。所选规格为 10，其测量范围为 0～1.0MPa，分辨率≤0.08% F.S.，工作的环境温度范围为 -25～+60℃。

（3）仪器安设

土压力盒的埋设好坏，直接影响着测试结果的准确性。根据以往施工经验，土压力计绑扎在围护结构的钢筋上，能准确测出实时土压力值，成功的机会不是很大，因为在浇混凝土时，难以保证混凝土不包裹土压力计。

因此，本次测试中，采用在围护结构的外面钻孔埋设土压力计的办法来安设土压力盒。首先，在拟监测的位置引孔，孔径大小以略大于土压力盒直径且不影响土压力盒下放为原则，然后用钢筋或其他工具，将连接好连线的土压力盒放入孔内既定深度所在位置，接下来，在孔中注入与土体性质基本一致的物质，填实空隙。最后把从土压力盒引出的连线铺设好并接入读数设备。

**4. 基坑位移监测**

（1）测点布置

位移观测点设置在基坑的开挖边沿，根据变形观测方案，水平位移观测点，包括冠梁及腰梁上的，共布设 50 个点，编号分别为 1 号、2 号……50 号。其中，基坑南侧有 10 个点，A、B 两试验剖面处分别有 22 号点和 23 号点。

（2）测点埋设

位移观测点上，插入直径为 $\phi$20mm，长度为 50cm 钢筋，以进行标识，在钢筋顶部刻十字丝作为观测坐标的精确测读标志。

标识钢筋与边坡连接应牢固，观测点的变化要能够真实反映基坑边坡的位移情况。

（3）测试方法

使用 SET2B 全站仪，采用小角度法进行观测。

### 4.3.3 测试结果及分析

#### 1. 水平、垂直位移

图 4-7 是基坑顶水平、垂直位移随基坑开挖过程的变化曲线，从图中可以看出，在开挖前 3 层时，水平、垂直位移变化幅度都比较大，但是在开挖第 4 层之后位移变化比较缓慢。这是因为前三层为杂填土，性质较差，开挖卸荷后，没有超前支护的情形下，复合土钉支护结构位移发展较快。随着坑壁卸荷压力的增大，即开挖深度不断增加，土钉支护能力逐步被发挥出来，反映在图上即为位移曲线曲率不断减小。当开挖到一定深度时，卸荷压力和支护能力及其两者的增量相当，位移曲线则趋于平缓。另外，从图上可以看出，水平位移和垂直位移的变化趋势具有较好的一致性，这是由于基坑坑壁的移动，基坑顶部发生水平侧向位移的同时必然引起垂直位移的同步变化。

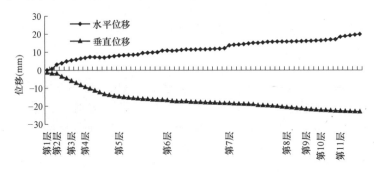

图 4-7 基坑顶水平、垂直位移随基坑开挖过程曲线

#### 2. 土钉内力

图 4-8～图 4-14 给出了各排土钉拉力随基坑开挖支护过程的变化曲线，图 4-15～图 4-21 给出各排土钉拉力沿土钉延长的分布。

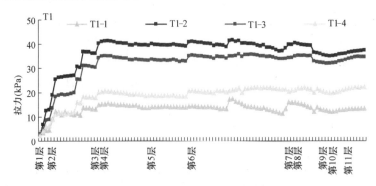

图 4-8 T1 土钉随基坑开挖过程曲线

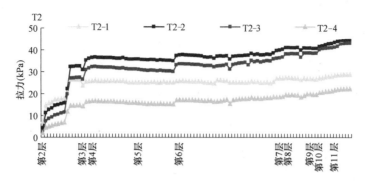

图 4-9　T2 土钉随基坑开挖过程曲线

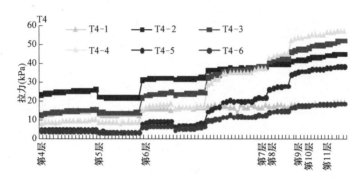

图 4-10　T4 土钉随基坑开挖过程曲线

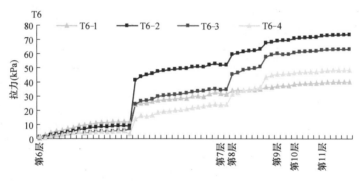

图 4-11　T6 土钉随基坑开挖过程曲线

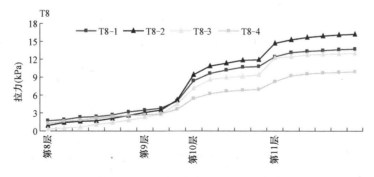

图 4-12　T8 土钉随基坑开挖过程曲线

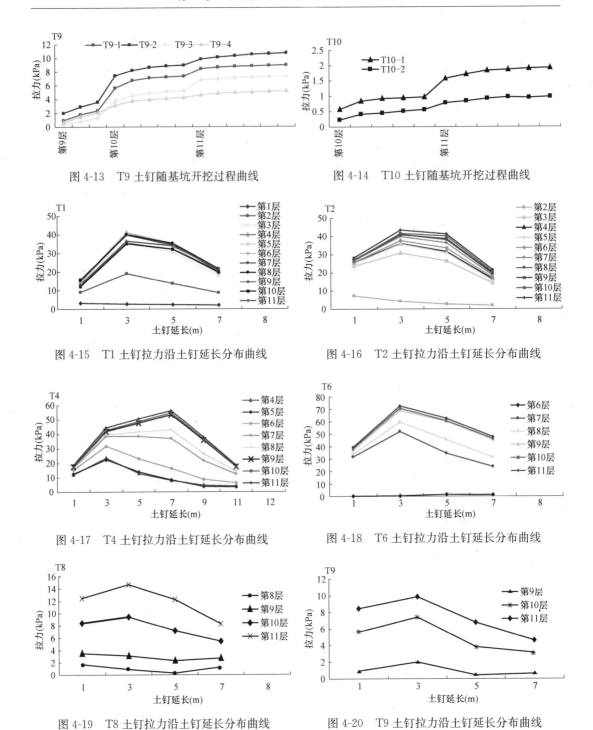

图 4-13　T9 土钉随基坑开挖过程曲线　　　　图 4-14　T10 土钉随基坑开挖过程曲线

图 4-15　T1 土钉拉力沿土钉延长分布曲线　　　图 4-16　T2 土钉拉力沿土钉延长分布曲线

图 4-17　T4 土钉拉力沿土钉延长分布曲线　　　图 4-18　T6 土钉拉力沿土钉延长分布曲线

图 4-19　T8 土钉拉力沿土钉延长分布曲线　　　图 4-20　T9 土钉拉力沿土钉延长分布曲线

（1）从图 4-8～图 4-21 可以看出，随着基坑开挖进程的发展，各排土钉主要受力特征如下：

1）土钉 T1 在刚开始置入时，延长上拉力分布较均匀，在靠近面层部分的土钉段 T1-1，拉力稍微大些。在基坑开挖至第 4 层前，土钉受力增量持续较大，且在开挖第 2、3、4 层时，拉力均有一个突变增加的过程，其增量 T1-2 测点最大。在之后的开挖中，土钉受力增量非常缓慢，总体变化不大。在基坑开挖至第 6 层和第 7 层之间，虽然在基坑顶堆放了一些钢筋，但是对于受力几乎没什么影响。不过在开挖至第 8 层和第 9 层之间时，受力有个突变回弹的过程，应该是搬走原来坑顶堆放的那些钢筋所引起的。在基坑开挖完成之后，土钉拉力最大值出现在土钉中段，两侧受力较小。

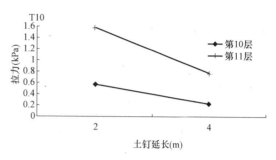

图 4-21　T10 土钉拉力沿土钉延长分布曲线

2）土钉 T2 的受力过程和土钉 T1 的受力情况较为类似，也是在刚开始置入时，延长上拉力分布较为均匀，在靠近面层部分的土钉段 T2-1，所观测到的拉力较大。在基坑开挖至第 4 层前，土钉受力增量持续较大，只是在开挖第 3 层时，拉力突变的增加更为明显。但是在搬走堆放在基坑顶的钢筋后，受力突变回弹的影响不大。基坑开挖完成后，土钉拉力最大值也是出现在土钉中段，两侧受力较小，只是土钉前段受力比后段要大。

3）土钉 T4 在刚开始置入到基坑开挖至第 7 层时，其受力最大值位于土钉前段 T4-2 处，在之后的开挖过程中，土钉拉力最大值逐渐偏离面层，位于土钉中段 T4-3 处。在开挖第 9 层前，土钉受力增量均较为缓慢，只是在开挖第 6、7、8、9 层时，拉力有一定的突变。在开挖第 10 和第 11 层时，土钉受力前段和后段即测点 T4-1 和 T4-6 处，拉力几乎不变化，其他测点土钉受力增长缓慢。在基坑开挖至第 6 层和第 7 层之间，由于在基坑顶堆放钢筋的缘故，土钉拉力有个突变增加的过程，但钢筋移除后，却对该土钉拉力的突变回弹几乎没有影响。基坑开挖完成后，土钉拉力最大值出现在土钉中段，两侧受力较小且拉力值较为相同。

4）T6 试验在刚置入时，受力很小，但是在受到基坑顶堆放钢筋的缘故，土钉拉力突变增加的影响异常明显，但是在搬走钢筋后土钉拉力突变回弹的影响几乎没有。在之后的开挖过程中，土钉受力持续增量较大，且在开挖第 8、9 层时均有个拉力突变的过程。在开挖第 10 层和第 11 层时，土钉拉力沿延长均有增长，但是增量较为缓慢。基坑开挖完成后，土钉拉力最大值也是出现在土钉中段，两侧受力均较小。

5）土钉 T8 在刚开始置入到基坑开挖完成期间，土钉拉力持续增量一直较大，且沿土钉延长的 T8-2 段增长最为明显，但是总体受力不大。

6）土钉 T9 在刚开始置入到基坑开挖完成期间，土钉拉力增量较为缓慢，且总体受力较小。

7）土钉 T10 几乎不受力。这是因为土钉 T10 布置于基坑底部，受开挖扰动影响最小，在开挖到可安设土钉 T10 时，基坑已产生的变形，使得上部土钉的支护能力都得到逐步发挥，基坑的进一步变形已经得到较好的约束，坑壁尤其是土钉 T10 布置的周围，基本不发生变形，或变形很小，故土钉 T10 几乎不受力。

（2）从上面土钉受力可以总结如下规律

1）从各土钉轴力随开挖时间的变化曲线图中可以看出：边坡开挖后，土钉轴力随之产生，随着施工进度的推进，土钉轴力逐渐增加。

2）支护结构中土钉的受力具有开挖效应，下层土体开挖对已设置的所有土钉的受力均有影响，而且以对靠近开挖层土钉的影响最为明显，影响程度随着开挖层的距离的增加而减弱。

3）从开挖的全过程可以看出，坡体的上部土钉受到的轴向拉力较小，而中部土钉受到的轴向拉力较大，下层受力较小，最底层土钉几乎不受力。这说明了坡体上部的开挖对土钉的影响不大，在坡体中部开挖对土钉的轴力和坡体的变形有较大影响。因此，在边坡实际施工时，坡体上部可适当增大开挖深度，而中下部的开挖应该减小每层的开挖高度。

4）各土钉拉力在不同开挖阶段沿土钉长度的分布，在开挖初期，土钉轴力分布较均匀，随着边坡开挖的进行，土钉的轴力分布呈现出中间大、两端小的规律。从实测试验数据分析，随着边坡开挖深度的加大，土钉的最大轴力点的位置逐渐向加固范围外移动，这说明在开挖初期引起的坡体松动较小，随着开挖的进展，开挖扰动作用在坡体内产生的松动区逐渐扩大，土钉的锚固长度逐渐减小，坡体趋于不稳定。

**3. 锚头作用力**

在张拉时，3 排锚索的张拉力都为 200kN，锚头测力计 M1、M2、M3 在锚索张拉的同时进行安装，锁定后监测的锚头作用力随基坑开挖过程的变化曲线如图 4-22 所示。

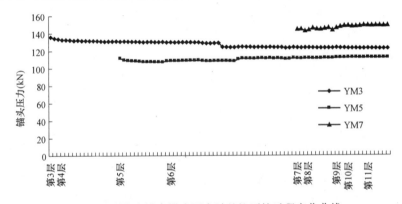

图 4-22 预应力锚索锚头压力随基坑开挖过程变化曲线

从图 4-22 可以看出，锚头压力在锁定之后变化值影响不大，反映了支护结构中作用于面层的压力不大。

# 4.4 天利中央商务广场（二期）基坑工程原位测试

## 4.4.1 工程概况

### 1. 平面布置及特点

天利中央商务广场二期基坑工程，地处深圳市南山商业文化中心区内，位于后海路东侧，环北路南侧，环西路西侧。工程占地面积 39784.1m²，建筑由 3 栋高层建筑组成，地下设 3 层地下室。基坑平面布置如图 4-23 所示。

基坑西侧临近钢筋加工场，坑边荷载较大，基坑北临近海德三道，且周边有电力、给水及雨水等市政管线。

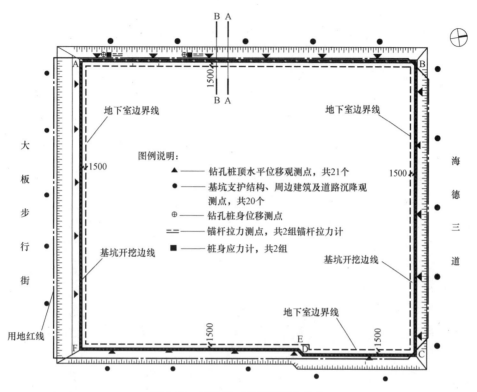

图 4-23　基坑平面布置及测点分布

**2. 地层及其特征**

场地原为滨海滩涂地，现因人工填海已形成陆域，场地较为平整。根据钻探揭露，场地内自上而下可分为五大层：

① 人工填土层：松散—稍密，稍湿—湿，以砾砂质黏性土为主，平均层厚 7.48m。

② 海相沉积层：饱和，软塑状态，大部分为淤泥质土，平均层厚 2.61m。

③ 海陆相交互沉积层和冲积层：稍密—密实，以粗砾砂为主，平均层厚 1.34m。

④ 花岗岩风化残积层：硬塑—坚塑，稍湿—湿，由粗粒花岗岩风化残积而成，平均层厚 17.72m。

⑤ 燕山期侵入花岗岩风化带：本场地下伏基岩为粗粒花岗岩，按其风化程度可划分为全风化、强风化、中风化、微风化四个风化带。

场地内地下水主要为上部松散层的上层滞水和孔隙潜水，下部有基岩裂隙水。静止水位埋深在 1.3～3.0m 之间。

**3. 支护及开挖方案**

根据基坑的特点和周边建筑物的重要性，本基坑采用下述支护方案：

（1）基坑西侧临近二期前期钢筋加工场，坑边荷载较大，为保证基坑安全，此段采用放坡＋疏排钻孔灌注桩＋桩间搅拌桩止水＋预应力锚索＋桩间土钉墙支护的形式。此方案将土钉主动加固与桩锚支护的被动受力有机结合起来，能更好地发挥深层被动土的作用，形成了完整的受力体系，在经济性与适用性中取得了良好的平衡。测试主要以这部分区域及其支护为主，该部分支护结构示意图如图 4-24 所示。

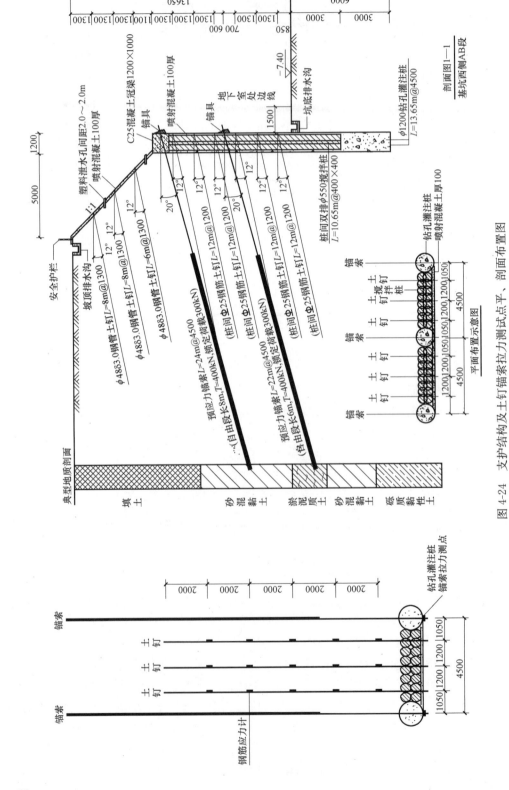

图 4-24  支护结构及土钉锚索拉力测试点平、剖面布置图

（2）基坑北临近海德三道，且周边有电力、给水及雨水等市政管线，为限制基坑变形，保证基坑及周边道路和管线安全，此段采用放坡＋钻孔灌注桩＋桩间旋喷桩止水＋预应力锚索的支护形式。

（3）基坑东侧采用放坡＋钻孔灌注桩＋桩间旋喷桩止水＋预应力锚索的支护形式。

（4）基坑南侧临近大板步行街，支护设计必须满足大板街桩基允许变形≤2cm的要求。由于对变形要求较严格，此段采用卸载＋钻孔灌注桩＋桩间旋喷桩止水＋预应力锚索的形式。

基坑的开挖支护计划及进度如表4-2所示。

天利中央商务广场基坑工程开挖支护进度　　　　　　　　　　表4-2

| 1月7日 | 一层土钉施工,未注浆 | 1月20日 | 二层锚索施工 |
|---|---|---|---|
| 1月8日 | 一层土钉注浆 | 1月22日 | 开挖第四层土 |
| 1月13日 | 开挖第二层土1m | 1月24日 | 25～26继挖四层土,TD2-4施工,未注 |
| 1月14日 | 二层土钉施工,15号注浆 | 1月27日 | TD2-4注浆,28～29号TD1-4施工注浆 |
| 1月16号 | 开挖第三层土2m | 1月30日 | 31号开挖第五层土 |
| 1月18日 | 三层土钉施工,拉第一层锚索 | 2月4日 | 五层土钉施工 |

## 4.4.2 测试方案

### 1. 土钉及锚索内力监测

（1）测点布置

剖面设置钢筋应力计90个和锚头测力计4个。

各排土钉从距端部1m开始，每隔2m设钢筋应力传感器1个，共计布置钢筋应力计90个。在该侧各锚索上布设锚头测力计1个，共计布设锚头测力计4个。

测点布置详见图4-24和图4-25。

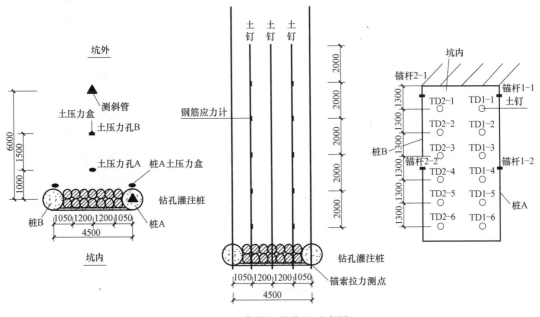

图4-25　仪器埋设位置示意图

51

（2）仪器选择

钢筋应力传感器采用 GJJ-10 型振弦式钢筋应力计。GJJ-10 型振弦式钢筋测力计是埋设于各类建筑基础、桩、地下连续墙、隧道衬砌、桥梁、边坡中，用于安全监测，测量内部的应力的常用仪器。测试的最大压应力为 100MPa，最大拉应力为 200MPa；受压时分辨力≤0.12％ F.S.，受拉时分辨力≤0.06％ F.S.；工作的环境温度范围为 −25～+60℃。

锚索锚头压力传感器采用 MSJ-201 型振弦式锚头测力计。MSJ-201 型振弦式锚头测力计是主要用来测量和监测各种锚杆、锚索、岩石螺栓、支柱、隧道与地下洞室中的支撑以及大型预应力钢筋混凝土结构中的载荷的预应力的损失情况。具有长期稳定、灵敏度高、防水性能好、不受长电缆影响。所选型号的测量范围为 0～2000kN，分辨力为≤0.10％ F.S.；工作的环境温度为 −25～+60℃。

内力的读取采用国产 XP-02 型振弦频率读数仪，如图 4-6 所示，先测量传感器钢弦频率，通过预先标定的传感器应力-振动频率标定曲线计算内力的大小。该仪器测量范围为500～5000Hz，测量精度为 ±0.1Hz，工作的环境温度范围为 −5～+55℃，测试距离 1000m。

仪器的安设、监测方法、频率和假日广场基坑工程的原位测试相同。

**2. 土压力监测**

在试验区共布置 3 个土压力测试点，11 号钻孔桩后 1 个，两根钻孔桩之间的中轴线上 2 个，各测试点上均放置 4 个土压力盒。将桩后土压力盒从上到下用 A（B）TYL1～A（B）TYL4 编号，将土压力孔中的土压力盒从上到下用 1（2）TYL1～1（2）TYL4 编号。

土压力测试点及土压力盒的布置，如图 4-26 所示。

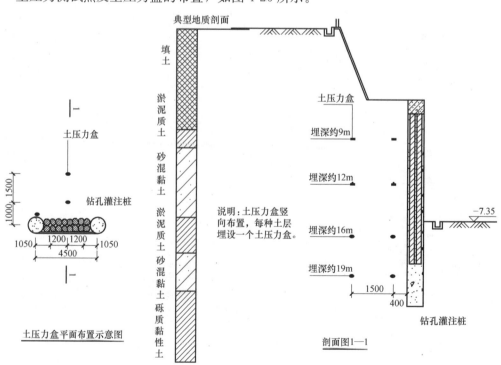

图 4-26　土压力盒平、剖面布置示意图

与假日广场基坑工程一样，土压力传感器也采用 TYL-20 型振弦式土压力盒，土压力的安设和测读，亦同于假日广场基坑工程。

**3. 基坑位移监测**

（1）测点布置

位移观测点设置在基坑西侧 11 和 12 号钻孔灌注桩桩后，包括冠梁和腰梁范围在内，共布设 24 个位移观测点，所有测点呈 3×8 阵列布置。

在基坑西侧 11 和 12 号钻孔灌注桩后，布置 2 个测斜孔，在 11 号钻孔灌注桩和搅拌桩上各布置 1 个测斜孔。测点布置如图 4-23 和图 4-24 所示。

（2）测点埋设

位移观测点采用直径为 $\phi$20mm 长度为 50cm 钢筋进行标识，在钢筋顶部刻十字丝作观测坐标的标志。标识钢筋与边坡连接牢固，观测点的变化能够真实反映基坑边坡的位移情况。

测斜管采用专业 PVC 管，管内有互成 90° 角的四个导向槽，采用钻孔埋设，成孔口径 110mm，埋设时确保其中一组导向槽垂直于基坑边线，测斜管与钻孔之间缝隙内用砂填充密实，管口配保护盖。

（3）测试方法

采用小角度法观测，使用 SET2B 全站仪。

## 4.4.3 测试结果及分析

**1. 位移及变形**

（1）水平位移随深度的变化

图 4-27～图 4-28 是根据桩身和桩后测斜管实测数据，所绘制的深层水平位移随深度时间的变化关系曲线。

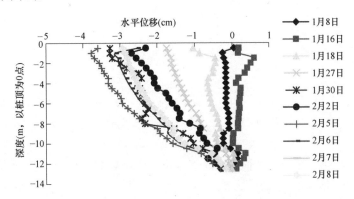

图 4-27 桩身测斜孔 2 的实测水平位移随深度变化曲线

从图 4-27～图 4-28 可以看出：

1）桩身水平位移总体变化趋势是上大下小，但锚索对位移的约束作用也很明显，在第一层和第二层锚索施加预应力完成之后，相应的桩身附近位移受到限制，呈"m"字形递减。桩后位移变化虽然比较平稳，但在和桩身平行的深度处，仍然呈"m"字形递减。

2）在开挖开始阶段，桩顶的水平位移最大，随着基坑的开挖，桩体变形曲线的特征

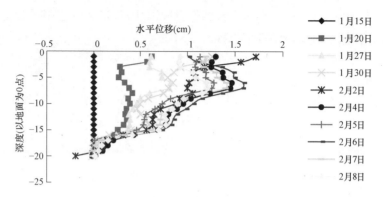

图 4-28　桩后测斜孔 3 的实测水平位移随深度变化曲线

均为在桩顶底两端变化小、中间大，可见桩身位移的这种变化反映了各排预应力锚索锚固力被逐渐调动起来的过程。

3）最大水平位移发生的位置基本在第一层锚索下 1～2m 的地方，不随施工过程而变化。实测桩体水平位移 $\delta_{max}=3.78\text{cm}$，发生在距桩顶 1.5m 深度处，基坑的开挖深度 $H$ 为 13.6m，则 $\delta_{max}/H=2.78\text{‰}$。

（2）桩身与桩中土体的水平位移

桩身与桩中土体沿深度的位移变化曲线，如图 4-29 和表 4-3 所示。

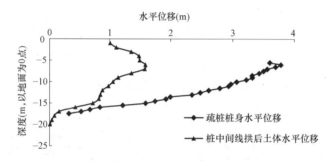

图 4-29　桩身与桩中土体位移曲线

从图 4-29 可以看出：

1）桩后曲线 5m 以上属于土钉墙支护，随开挖位移增大，开挖到疏桩桩顶以下 6m（图中－11m）深时，拱后土体明显通过土拱作用支撑到拱脚桩上，位移由大变小且有段加快收敛的过程，与桩身位移曲线近于平行；至 6m（图中－11m）深以下时，土体水平位移较小，土拱作用减弱，位移曲线趋近于复合土钉墙支护，位移减小缓慢至基坑底，与桩身曲线相差较大。

2）疏排桩-土钉墙组合支护整体上体现桩锚支护的位移特征，桩间土拱后处土体在上部土拱作用强的部分水平位移变化与桩身水平位移变化近于相同，在一定深度以下桩间土体与桩身位移变化不再协调，曲线更趋于复合土钉支护的位移特征。

（3）水平位移随施工过程的变化

不同深度处桩身的水平位移随施工过程的变化关系，如图 4-30 所示。从图可见，不同深度桩体水平位移随施工工况的变化不尽相同，具有以下特点：

1）在施工过程中，各测点不同深度的水平位移先是随着时间的增加，施工过程的进

桩身测斜孔 2 水平位移随深度的变化关系　　　　　　　　　　表 4-3

BOREHOLE. NAME＝02/009
BOREHOLE. TRANSDUCER＝RT-20M
BOREHOLE. DEPTH＝12.5
BOREHOLE. STEP＝0.5
BOREHOLE. DATE＝16:05　01-30-2007

| DEEPTH | A＋ AXIS | A－ AXIS | A 位移 | 累计位移 | B＋ AXIS | B－ AXIS | B 位移 | 累计位移 |
|---|---|---|---|---|---|---|---|---|
| 12.5 | 2.53802 | −2.76159 | 2.649805 | 2.649805 | 0.46811 | −0.68459 | 0.57635 | 0.57635 |
| 12.0 | 2.93892 | −2.83157 | 2.885245 | 5.53505 | 0.53068 | −0.7505 | 0.64059 | 1.21694 |
| 11.5 | 3.09756 | −2.99212 | 3.04484 | 8.57989 | 0.77974 | −0.93299 | 0.856365 | 2.073305 |
| 11.0 | 2.55976 | −2.73251 | 2.646135 | 11.22603 | 0.60783 | −0.97461 | 0.79122 | 2.864525 |
| 10.5 | 1.97933 | −1.96074 | 1.970035 | 13.19606 | 0.41011 | −0.69326 | 0.551685 | 3.41621 |
| 10.0 | 1.91155 | −1.96122 | 1.936385 | 15.13245 | 0.48078 | −0.71355 | 0.597165 | 4.013375 |
| 9.5 | 1.92375 | −1.86702 | 1.895385 | 17.02783 | 0.52268 | −0.75898 | 0.64083 | 4.654205 |
| 9.0 | 1.90344 | −1.80867 | 1.856055 | 18.88389 | 0.87622 | −0.7605 | 0.81836 | 5.472565 |
| 8.5 | 2.35563 | −1.7774 | 2.066515 | 20.9504 | 1.94522 | −0.93099 | 1.438105 | 6.91067 |
| 8.0 | 3.11472 | −1.76844 | 2.44158 | 23.39198 | 2.51943 | −1.07433 | 1.79688 | 8.70755 |
| 7.5 | 3.3156 | −3.31236 | 3.31398 | 26.70596 | 2.6521 | −2.92288 | 2.78749 | 11.49504 |
| 7.0 | 3.05571 | −2.96914 | 3.012425 | 29.71839 | 2.63763 | −2.88183 | 2.75973 | 14.25477 |
| 6.5 | 2.6958 | −2.84082 | 2.76831 | 32.4867 | 2.46857 | −2.81363 | 2.6411 | 16.89587 |
| 6.0 | 2.59913 | −2.54955 | 2.57434 | 35.06104 | 2.33161 | −2.45762 | 2.394615 | 19.29049 |
| 5.5 | 2.38414 | −2.28976 | 2.33695 | 37.39799 | 1.87941 | −2.08227 | 1.98084 | 21.27133 |
| 5.0 | 2.25238 | −2.26849 | 2.260435 | 39.65842 | 1.80931 | −2.06475 | 1.93703 | 23.20836 |
| 4.5 | 2.63317 | −2.69218 | 2.662675 | 42.3211 | 2.05275 | −2.35962 | 2.206185 | 25.41454 |
| 4.0 | 2.6653 | −2.67569 | 2.670495 | 44.99159 | 2.09627 | −2.35781 | 2.22704 | 27.64158 |
| 3.5 | 2.59608 | −2.59141 | 2.593745 | 47.58534 | 2.04322 | −2.31447 | 2.178845 | 29.82043 |
| 3.0 | 2.53773 | −2.50389 | 2.52081 | 50.10615 | 2.1537 | −2.29933 | 2.226515 | 32.04694 |
| 2.5 | 2.66091 | −2.54803 | 2.60447 | 52.71062 | 2.32228 | −2.45771 | 2.389995 | 34.43694 |
| 2.0 | 2.97791 | −2.74567 | 2.86179 | 55.57241 | 2.54296 | −2.65887 | 2.600915 | 37.03785 |
| 1.5 | 3.07935 | −2.78895 | 2.93415 | 58.50656 | 2.59372 | −2.68982 | 2.64177 | 39.67962 |
| 1.0 | 3.24973 | −3.15677 | 3.20325 | 61.70981 | 2.71153 | -3.2047 | 2.958115 | 42.63774 |
| 0.5 | 2.48263 | −2.64413 | 2.56338 | 64.27319 | 2.59067 | -2.94583 | 2.76825 | 45.40599 |

行，其增加速率较快，在基坑底板混凝土浇筑完成以后，各测点的水平位移增加速率减缓。但总水平位移大小并非一直保持单调增加，尤其在施加锚索预应力后，位移呈现减小的趋势。随着开挖深度的加大，产生最大变形速率的位置逐渐下移，说明第二层预应力锚索的作用逐渐被调动，当土和结构达到最终平衡时，位移才趋于稳定。

2）基坑开挖到底面以后，土体的流变性使得桩体变形仍然继续发展一段时间，随后才会趋于稳定。

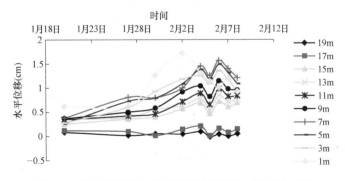

图 4-30　桩后测斜孔 3 的实测水平位移与时间变化曲线

（4）桩身及桩间拱后土体位移时间曲线

桩身及桩间拱后土体的位移随时间的变化曲线，如图4-31所示。

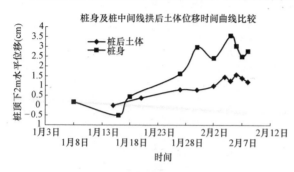

图4-31　桩身及桩后位移最大点（－2.0m）
处位移时间曲线比较

从图4-31可看出，两曲线变化趋势基本上一致，桩间拱后土体的位移发展较桩身位移在时间上有2天左右的延迟。最大位移值上看，桩身约是桩间拱后的1/3。这说明由于土拱的存在，两孔中间拱后的土体变形，较前端坑壁的变形要小，土拱对变形具有较好的抑制作用，桩间拱后土体的变形较多取决于疏桩锚支护的整体变形。由于土拱是个具有一定塑性的拱结构，传递内力时须有一个塑性发展的过程，因此时间上会有一个延迟的间隔；因为土拱结构具有空间性，抗弯弯矩较大，拱后土压力又大部分转为拱轴力，所以位移增长速率比疏桩锚慢，位移增长数值也小很多，体现了疏桩-土钉墙支护的土拱空间效应。

**2. 土压力**

（1）土压力随深度的变化

实测土压力沿深度的分布规律，如图4-32～图4-34所示。

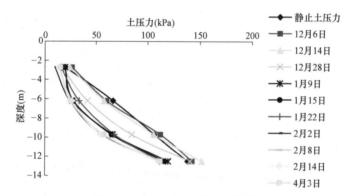

图4-32　桩B后土压力实测曲线

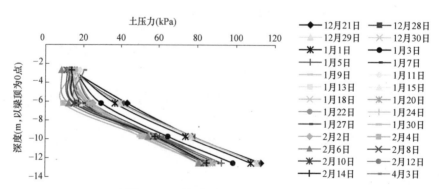

图4-33　土压力孔1土压力实测曲线

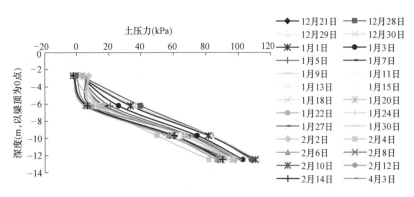

图 4-34　土压力孔 2 土压力实测曲线

从图 4-32～图 4-34 可以看出：

1）开挖前，桩后土压力随深度基本呈线性分布，与静止土压力曲线分布比较接近，在桩底部出现实测土压力大于静止土压力的情况，可以从图 4-17 桩身实测水平位移随深度变化的曲线中获得解释，开挖前桩的下端部有一向坑外（朝向土体）位移，使该处土体受到挤压，土体有向被动土压力发展的趋势。

2）随着基坑进一步开挖，桩后土压力逐渐变小，土压力曲线向坑内弯曲，呈双曲线型。由于土压力盒较少，并未能反映出每个工况下因土钉施工对土压力在深度上的影响，但是锚索预应力的施加使得桩体上部土压力盒 BTYL1 和 BTYL2 位置的土压力有一个回增的现象，这与桩体位移反映的情况相吻合的。

3）对比以上三组曲线可知：在 6m 以上区域，土拱作用强，桩间土压力通过土拱传递到桩上。因此，桩间两孔 1、2 土压力增长缓慢（几近无增长），桩后孔压力稳定增加。这较好地验证了土压力通过土拱的传递过程。在 6m 以下区域，土拱作用较弱，三孔土压力增长趋势趋同，都呈双曲线型增大。从数值上看，桩间土体的土压力也较桩后小近 1/3，主要是由于土拱作用转移了部分土压力的结果。

4）桩间两土压力孔的土压力分布规律基本相同，只是在数值上有所差别。和桩后土压力分布规律相比，除了数值上较小外，曲线发展趋势也不大相同，土压力盒 1～2TYL2 位置的土压力变化更大，最后呈"汤匙型"分布。这是因为该土压力盒所代表的桩间土体，处在拱形体自由脱落区（6m 深以上）内，受土拱效应的影响，土压力小且不随深度变化。在 6m 深以下，土拱作用较弱，桩间土体的土压力呈现出与桩后土压力相同的变化趋势。

（2）土压力随时间的变化

主动土压力随施工过程的变化，如图 4-35～图 4-41 所示。

由图 4-35～图 4-41 可以得到看出：

1）在施工过程中，土压力基本呈递减波动式变化，总的变化趋势是逐渐变小的，施工完成后，土压力缓慢的增大，最后趋于稳定。

土压力随施工过程的这种波动现象可能是多种因素相互作用的结果。首先，桩体水平位移是影响土压力大小及分布的重要因素，随着开挖深度的增加，桩体水平位移增大，主动区土压力减小。其次，在土体应变不变的情况下，由于土体的流变特性，土体应力松弛，导致主动区土体抗剪强度降低，使得主动区土压力随时间有增大的趋势，而主动区土压力的增大反过来使主动区土体应变增长，主动区土压力又相应减小。还有，桩后超载的影响，由于试验剖面选择在西侧的仓库前面，重型运货车和吊车反复通过，由此产生的长时间循环往复作用的超载，也会使桩后土体受到扰动，降低土体强度，从而使土压力随时间而增大。另外，桩间土钉以及桩上锚索的打入与注浆，使桩后土体的强度增强，土压力也应有降低的趋势。

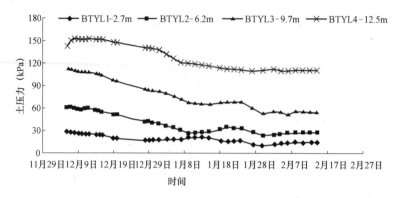

图 4-35　桩 B 主动土压力随时间的变化

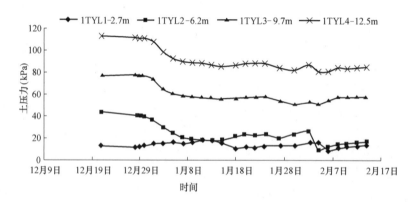

图 4-36　孔 1 主动土压力随时间的变化

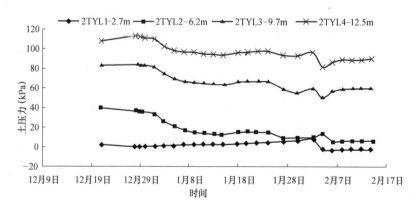

图 4-37　孔 2 主动土压力随时间的变化

因此，主动区土压力是受土体应变，土体流变特性等因素的影响，应是桩体位移、时间、土体强度的函数，说明了施工过程中土压力变化的复杂性。

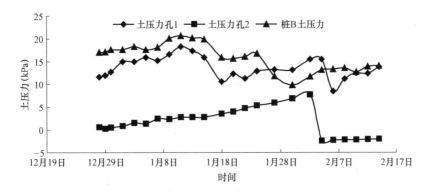

图 4-38 —2.7m 处主动土压力随时间的变化

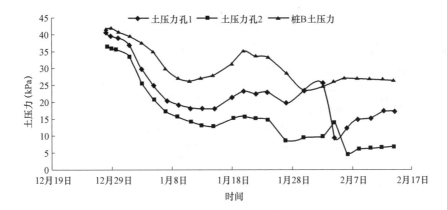

图 4-39 —6.2m 处主动土压力随时间的变化

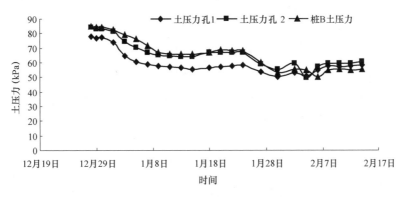

图 4-40 —9.7m 处主动土压力随时间的变化

2）在工况 1 之前，土压力曲线有一个较大的降低，这是和施工过程紧密相关的。为了加快施工进度，在第一层土钉施工前，为了获得土钉施工的工作面，需将桩前 6m 后的土挖开，只留 6m 宽的土护桩。对土体的扰动，加上开挖卸荷后土体的自然变形，使得在工况 1 之前桩向土体必然向坑内产生一定的位移，土压力受位移的影响自然也随之变小。

3）锚索预应力的施加对土压力的影响是明显的，两道锚索的拉张后，都使得土压力有所增大，原因是预应力使桩体上部位移减小，相当于桩向着土体方向发生位移。工况 6 后，土压力仍然有一个缓慢变大的趋势，最后趋于稳定，可以用土的流变性进行解释，随着施工过程的进行，土体应力松弛，主动区土体抗剪强度降低，使得主动区土压力在施工完成后随时间有缓慢增大的趋势。

4）对比图 4-35～图 4-37，桩间土压力孔的土压力与桩后土压力的变化趋势在 6m 以上趋势完全不同：桩间 2 孔土压力几近无增长，且两个土压力盒测到的土压力趋同且较小。这符合滑落区的土压力特点，表明 6m 以上由于较强的土拱作用形成了土的自由滑落区的存在；6m 以下三孔变化趋势基本相同，但同深度的桩后土压力值大于桩间土压力孔内的土压力值，最终开挖面以下有 BTYL1～2＞1TYL2＞2TYL1。这点也说明了排桩后横向土拱效应的存在及其显著效果。基坑开挖后，相邻钻孔灌注桩之间的土体有向坑内移动的趋势，桩间土体与桩后土体因变形的不同，使得土体内部抗剪能力的发挥，在土体抗剪能力的作用下，土压力被转移传递到两侧桩上，进而形成土拱，相邻两钻孔灌注桩起到了拱脚的作用，因此土压力会比桩间土压力大。

5）土压力盒 TYL1 和 TYL2 所在位置的土压力受施工影响较大，土压力盒 TYL4 测得的土压力几乎没有反复波动。可以认为，基坑底面下一定深度的土压力变化基本不受开挖面上土钉、锚索等的影响。

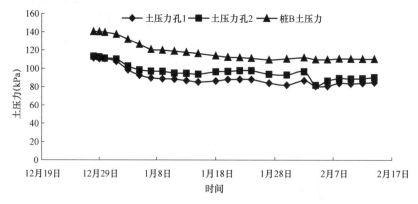

图 4-41　−12.5m 处主动土压力随时间的变化

**3. 土钉内力**

（1）疏排桩间采用了土钉墙支护，由于土拱作用的存在，土钉的轴向力与复合土钉墙中土钉变化趋势应有不同。图 4-42～图 4-49 表示出了施工过程中土钉内力随深度和时间的变化关系。

（2）从图 4-42～图 4-49 的各层土钉轴力图可以看出：

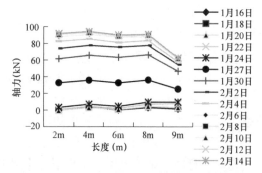

图 4-42　T22 土钉拉力随深度变化曲线

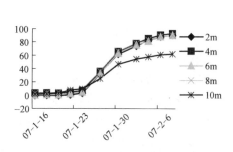

图 4-43　T22 土钉拉力随时间变化曲线

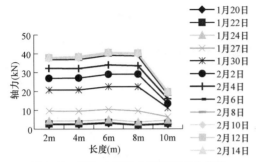

图 4-44　T31 土钉拉力随深度变化曲线

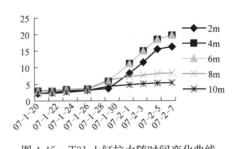

图 4-45　T31 土钉拉力随时间变化曲线

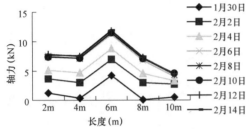

图 4-46　T41 土钉拉力随深度变化曲线

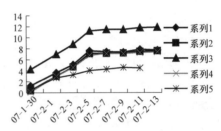

图 4-47　T41 土钉拉力随时间变化曲线

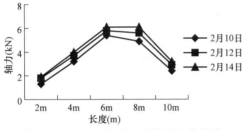

图 4-48　T51 土钉拉力随深度变化曲线

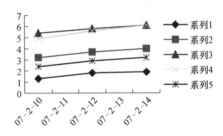

图 4-49　T51 土钉拉力随时间变化曲线

1）1～3 排土钉表现出与 4、5 排土钉相同的分布形式，在 8m 以前 1～3 排土钉轴力相差不大，与复合土钉墙支护时的轴力"中间大，两头小"的分布规律有较大区别。主要是因为 1～3 土层处于土拱作用的区域，由于土拱的作用，桩间的土压力分布及土体变形与复合土钉墙土压力及土体变形差别较大，土钉的主要作用是保持自由塌落区土体的稳定，受力范围应是自由塌落区至拱形结构及其后的稳定土体一定范围内，因此，从土钉头至一定长度内的土钉轴力保持较大数值。4、5 层土钉与基坑底距离较近，变形小，土拱发挥不充分，土钉还是呈现出复合土钉墙的特性，呈中间大，两端小的分布形式。

2）从上至下，每排土钉内力相差较大，沿深度减小的速度较快，从第 1 排到第五排土钉，其拉力按 80kN、90kN、40kN、12kN、6kN 的梯度递减，这与土钉墙呈现中间层土钉内力大，坡顶坡底内力小有明显的不同。

**4. 锚索内力**

锚索内力随时间的变化曲线如图 4-50 所示，

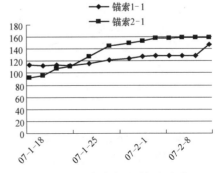

图 4-50　锚索内力随时间的变化

从曲线上可见，随着时间的增加，施工过程的进行，锚索的内力在不断增大。

# 4.5　卓越皇岗世纪中心基坑工程原位测试

## 4.5.1　工程概况

### 1. 平面布置及特点

拟建场地位于深圳市福田中心区，滨河路北侧，福华三路与金田路交会口东南角，占地面积约为 33372m²。工程拟建超高层框架-核心筒结构写字楼，基坑深约 14.70m，设 3 层地下室。

本场地周边均为重要市政主干道，地下室外边线距红线距离为 3～5.5m，无放坡位置。场地东南侧分布有煤气、电缆、给水等重要市政管线，且煤气管线处红线附近，距坑边较近，场地西侧红线处有电缆沟需要保护，这些区域都是须对其开挖扰动后的变形及位移给予重点支护及控制的。场地北侧位置相对较宽，分布有雨水给水等市政管线，给水管距基坑边较远。基坑平面布置图如图 4-51 所示。

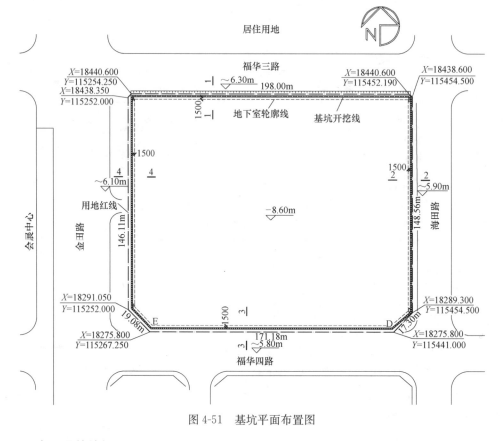

图 4-51　基坑平面布置图

### 2. 地层及其特征

场地原始地貌为山前冲洪积平原，经二次人工堆填，场地起伏不大。根据现场钻探揭露和室内土工试验结果，场地内地层自上而下分布有：人工填土层、第四系冲洪积层，第四系残积土层及其下伏中生代燕山期花岗岩等四类地层。各地基土岩性分述如下：

人工填土层：杂填土，以褐红、褐黄为主夹灰色，稍湿，稍密，有黏土、砖块、混凝土块及碎石等组成，局部夹少量生活垃圾，部分地段建筑垃圾占 40%～50% 以上，质地混杂。该层遍布全场，层厚 3.2～12.00m，平均 6.93m，重点分布在场地西北片区。

第四系冲洪积层：①淤泥粉细砂：灰黑色为主，松散、稍密不均匀。湿—饱水，不均匀混 20%～40% 淤泥质土，局部处夹软塑—可塑状淤泥土薄层，个别处为粉细砂。层厚 1.00～9.50m，平均 4.39m；②黏土：呈砖红夹瓦灰色、杏黄色，以可塑为主。该层层厚 0.80～0.82m，平均厚度 3.85m；③中粗砂：以浅黄色为主，中密，以石英质中粗砂为主。层厚 1.00～9.70m，平均厚度 4.22m。

第四系残积层：砾质黏性土，为粗粒花岗岩残积土。呈褐红、褐黄色，可塑。层厚 1.50～15.20m，平均厚度 5.94m。

燕山期花岗岩：①全风化花岗岩：呈黄褐，密实。风化剧烈，原岩结构可辨析。层厚 1.00～9.40m，平均厚度 4.85m；②强风化花岗岩：呈黄褐色，密实，层厚 2.4～22.20m，平均 10.47m；③中风化花岗岩：呈褐黄色，层厚 1.0～21.10m，平均 5.15m。

经勘察揭露，场地内地下水有填土层中上层滞水、砂层中潜水及下部基岩强—中风化层中，含水层富水性好，透水性强，接受大气降水和侧向径流补给，地下水流向主要由北向南排泄。地下水水位埋深在 2.90～4.04m，平均 3.68m。

场区含水层富水性好，透水性强，地下水水位埋深在 2.90～4.04m，平均 3.68m。

**3. 支护及开挖方案**

（1）支护方案

根据拟建建筑物性质、场地工程地质条件、边坡周边环境条件等实际情况，经过安全、经济、技术、工期等多方面比较，确定基坑支护结构采用"放坡＋疏排钻孔灌注桩＋桩间搅拌桩止水＋预应力锚索＋桩间土钉墙"的支护形式，具体布置如下：

1）基坑北侧空地较大，上部采用 1：0.4 放坡开挖形式，放坡高度约 5.0m，同时将可能影响深层搅拌桩施工的杂填土层大部分均挖去，下部采用带搅拌桩止水帷幕的疏排桩-土钉墙组合支护，即：放坡＋疏排钻孔灌注桩＋桩间搅拌桩止水＋预应力锚索＋桩间土钉墙支护的形式，具体见剖面图 4-52。此方案将土钉主动加固与桩锚支护的被动受力有机结合起来，能更好地发挥深层被动土的作用，形成了完整的受力体系，在经济性与适用性中取得了良好的平衡。

2）基坑东、南、西侧紧邻城市道路，周边有燃气、电力、给水及雨水等市政管线，为限制基坑变形，保证基坑及周边道路和管线安全，此段采用钻孔灌注桩＋预应力锚索进行支护。由于此基坑三面空间狭窄，无较大放坡位置，且杂填土层较深厚，采用搅拌桩止水施工困难，故拟采用桩间旋喷桩进行止水，即形成"搅拌桩＋钻孔灌注桩＋预应力锚索"的支护形式。具体布设如图 4-53 所示。

（2）开挖方案

基坑开挖支护的情况如表 4-4 所示。

基坑开挖支护情况 表 4-4

| | 开挖 | 时间 |
|---|---|---|
| 工况 1 | 368 号开挖至 5m；143 号开挖至 4m；其他地方暂未开挖 | 3 月 29 日 |
| 工况 2 | 368 号开挖至 6m；264 号开挖至 5m；143 仍为 4m；其他地方暂未开挖 | 4 月 25 日 |
| 工况 3 | 368 号仍为 6m；51 号开挖至 2m；264 号开挖至 8m；143 仍为 4m | 5 月 3 日 |

续表

| | 开挖 | 时间 |
|---|---|---|
| 工况 4 | 368 号仍为 6m;51 号仍为 2m;264 号开挖至 10m;143 号开挖至 7.5m | 5 月 15 日 |
| 工况 5 | 368 号仍为 6m;51 号开挖至 4m;264 号仍为 10m;143 号开挖至 11.5m | 6 月 1 日 |
| 工况 6 | 均开挖至 14.5m | 8 月 17 日 |

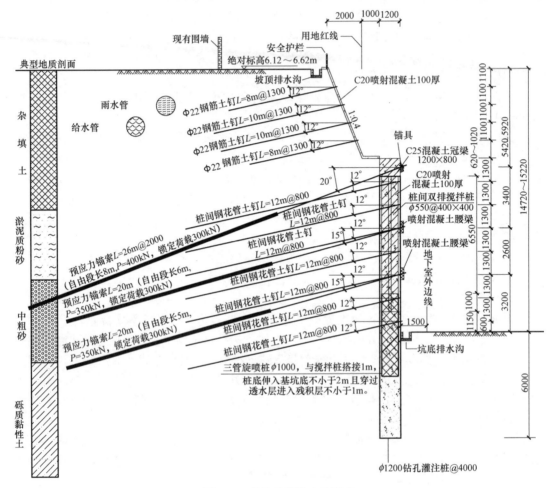

图 4-52　基坑北侧的支护形式

## 4.5.2　测试方案

根据工程设计要求和变形控制的需要，共计设置 4 个监测组，每个监测组内包含 1 口水位监测井、1 个土体测斜孔、1 组钢筋应力监测计（每组共 8 个点位）、1 组锚索应力监测计（每组共 3 个点位）。监测组的布置如图 4-54 所示。

图 4-54 中，测组的位置仅为示意，测组后括号内对应的桩号，除 51 号桩为冲孔桩外，其他均为钻孔灌注桩编号。

**1. 锚索内力监测**

（1）测点布置

在四侧靠近坑壁中点附近，各布置一组锚索拉力测点，如图 4-55 所示，每组测点均

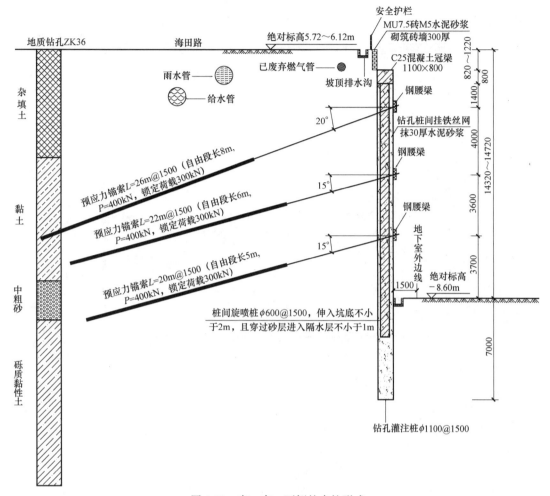

图 4-53 东、南、西侧的支护形式

包含 3 个锚索拉力计点位，分别安装在同一平面位置的第 1、2、3 排锚头上，每个锚索有红、蓝、白 3 个测点，其编号由测组号、锚索排号、测点颜色组成，如第 2 测组第 3 排锚索红色振弦测点的编号为：2-3-红。共计 12 个锚索拉力计。

（2）仪器选择

锚索内力的测定和读取，与天利中央商务广场深基坑工程的监测一样，均分别采用 MSJ-201 型振弦式锚头测力计和国产 XP-02 型振弦频率读数仪。

（3）测试方法

基本 3~5 天，对每个锚头的测力计进行监测读数一次。在下属情况下，可适当提高监测频率：雨期、开挖支护情况有所改变，以及坑壁变形或位移较之前期监测结果有较大变化时。

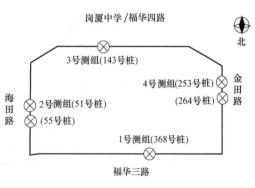

图 4-54 监测组的平面布置示意图

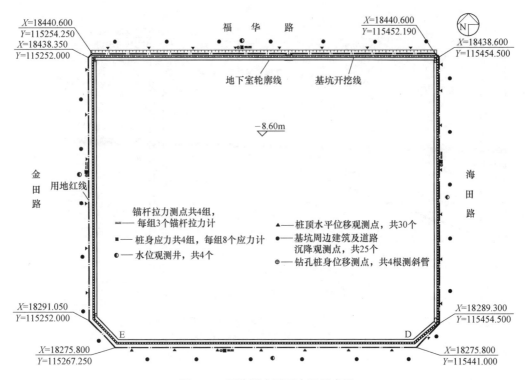

图 4-55　原位测点平面布置示意图

## 2. 桩身应力监测

（1）测点布置

在基坑东西南北四个长边靠近中部的桩上，布设 4 组桩身应力计，每组应力计包括 8 个测点区域，每个测点区域均布设一个钢筋应力计。同一组的 8 个应力计分别安装在同一支护桩内外两侧，每侧 4 个。测点布置如图 4-55 和图 4-56 所示。

每个钢筋测力计的编号，由测组号、与基坑的相对位置关系、测点垂向位置编号组成，如第 1 测组靠基坑内侧的、从上向下第 3 个钢筋应力计，由于其在桩体的北侧，则其编号为：1-N 3，靠基坑外侧与钢筋应力计 1-N-3 相对的钢筋应力计编号则为：1-W-3。

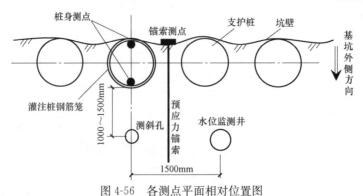

图 4-56　各测点平面相对位置图

（2）仪器选择

钢筋应力传感器，亦采用天利中央商务广场深基坑工程所使用的 GJJ-10 型振弦式钢筋应力计。同时也使用国产 XP-02 型振弦频率读数仪对测试获得的监测数据给予读取。测试方法及其频率同于锚头测力计。

**3. 基坑位移监测**

（1）测点布置

沿周边道路及建筑物边沿布置沉降观测点 25 个，间距 15～25m；在冠梁顶每隔 15～25m 设位移监测点 1 个，共计在圈梁布设位移监测点 30 个。测点布置及测点编号如图 4-57 所示。

（2）测点埋设

位移观测点采用直径为 $\phi$20mm 长度为 50 cm 钢筋进行标识，在钢筋顶部刻十字丝作为观测坐标的标志。位移观测点均采用电钻钻孔，将标识钢筋加固在被测对象所在的测点区域，观测点的变化能够真实反映基坑边坡的位移情况。

测斜管采用专业 PVC 管，管内有互成 90° 的四个导向槽，采用钻孔埋设，成孔口径 110mm，埋设时确保其中一组导向槽垂直于基坑边线，测斜管与钻孔之间缝隙内用砂填充密实，管口配保护盖。

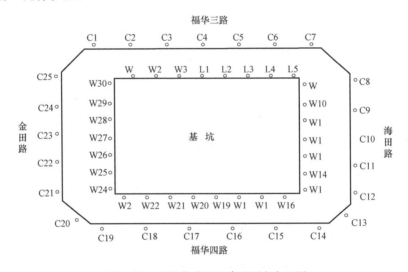

图 4-57　基坑位移及沉降观测点布置图

（3）测试方法

由于场地复杂，基坑周围施工场地小，根据施工方案设计及规范要求，采用偏角观测法进行位移测量。具体做法是，在基坑四周设立 4 个位移观测基准点，分别为位基 1、位基 2、位基 3、位基 4，每个位基点均建立两个固定方向，在每个位基点上设定观测站，以两个固定方向为基准方向进行全圆方向法二测回水平角测量。

监测周期从土方开挖时开始到±0.00 施工完成并回填后结束。变形观测点应在布点开始读取初始值，变形观测应在开挖当日起实施。监测频率：开挖期间 2～3 天观测一次，其他时间 5～10 天观测一次，在出现促使变形加快的情况时要加密观测次数。

## 4.5.3　测试结果及分析

**1. 位移及沉降**

（1）桩身水平位移的变化

图 4-58～图 4-60 是根据 368 号桩、264 号桩、143 号桩桩后测斜管实测数据，所绘制的桩身附近水平位移随深度和时间的变化关系曲线。368 号桩、264 号桩、143 号桩三个测点的位置如图 4-54 所示。

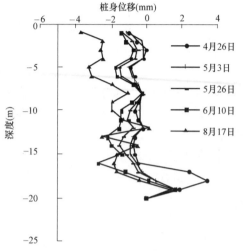

图 4-58　368 号桩桩身位移的变化图　　　　图 4-59　143 号桩桩身位移的变化

从图 4-58～图 4-59 可以看出：

1) 桩身水平位移总体变化趋势是上大下小，但锚索对位移的约束作用也很明显，在锚索作用点周围的桩身附近位移受到限制，使得桩身位移呈"m"字形分布，这点在天利中央商务广场的监测中，如图 4-27～图 4-29 所示，也得到证实。

2) 在开挖开始阶段，桩顶的水平位移最大，随着基坑的开挖，桩体变形曲线的特征均为在桩顶底两端变化小、中间大，而且，无论是顶底两端还是桩身中部，桩身周围的应力变化都不大，该点也和天利中央商务广场深基坑的监测结果类似。这反映了各排预应力锚索锚固力被逐渐调动起来的变化，说明了疏排桩-土钉墙组合支护对开挖扰动后坑壁变形及其位移良好的控制效果。

3) 结合表 4-4 中所述的工况可以看出，随着施工过程的推进和开挖扰动的增加，桩上位移也在不断增大；3 月 10 日前 143 号桩侧并未进行开挖扰动，则如图 4-59 所示的 3 月 10 日观测的桩身位移曲线从上到下变化均较小，较为稳定。

（2）桩后土体水平位移的变化

图 4-60 表示的是在基坑边中点和拐角附近的桩后土体水平位移，随施工过程的变化曲线。观测点 L1、W12、W27、W15 在基坑周围的位置参见图 4-57。

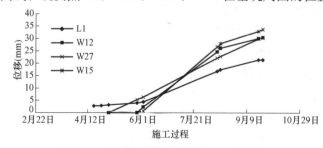

图 4-60　桩后土体位移随施工过程的变化

从图 4-60 可以看出：

1) 随着施工过程的进行，坑壁各位置的水平位移均不断增大，而且，随着开挖扰动的增大，坑壁位移的增加速率逐渐加快。开挖卸荷，必然引起坑壁坑周土体发生变形或位移，这也符合基坑变形的一般性规律。

2）结合表 4-4 中所述的工况，从 4 月 25 日前各测点位移的变化规律可以看出，先开挖侧先变形，并且先发生的变形，对未开挖侧土体基本没有什么影响。L1 侧先开挖则先产生变形，但位移量并不大，而同期的其他三个点附近未进行开挖，这三个点的附近基本不发生位移。

3）在开挖末期，拐角处土体的位移较之长短边侧土体的位移要大一些。这是因为，长短侧有疏排桩-土钉墙组合支护作用，可以利用土钉锚索改善土体，并在疏排桩支撑下利用土拱效应极大程度上发挥土体的自稳自承能力，故这些区域的变形发展受到了一定程度的抑制。而在拐角处，土钉、锚索等一般不置入该区域，疏排桩对该区域的影响范围也有限，尽管有坑壁之间的相互端承作用，其变形和位移发展也相对较大。这也进一步说明了，疏排桩-土钉墙组合支护对变形的控制效果。

（3）沉降的变化

图 4-61～图 4-62 为沿坑周布置的沉降观察点所观测到的坑周沉降变化。从图中可以看出，各测点之间的沉降变化还是较为明显，但除了不对称开挖卸荷外，长边、短边以及坑角处等对称位置的沉降变化规律及其大小基本一致。即使不对称开挖引起对称位置的沉降变化大小不同，但对称位置的沉降变化趋势也是基本一致的，如，两长边中点附近的 C5、C17，拐角处的 C1、C8、C13、C20 测点，这说明了基坑变形的空间效应。

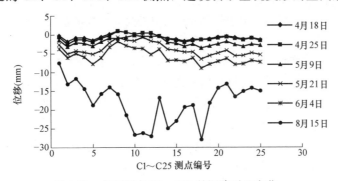

图 4-61　各观测点 C1～C25 的沉降对比变化

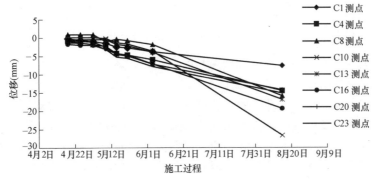

图 4-62　观测点 C1～C25 的沉降随施工过程的变化

另外，从图 4-61～图 4-62 中还可以看出，随着施工过程的进行，各沉降观测点的沉降量均在不断增加。拐角处的沉降相对较小，如 C1 所示，坑壁中点附近的沉降相对较大，如 C10 所示。

**2. 土压力**

（1）土压力随时间的变化

实测土压力沿施工过程的分布规律，如图 4-63～图 4-64 所示。

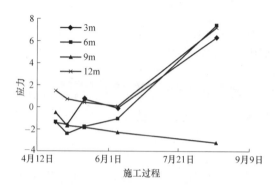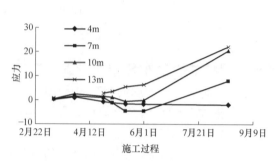

图 4-63　368 号桩靠土体一侧的应力　　　图 4-64　143 号桩靠土体一侧的应力
　　　　　随时间的变化曲线　　　　　　　　　　　　随时间的变化曲线

由图 4-63～图 4-64 可以得到看出：

1）在施工过程中，靠土体一侧土压力基本呈减增波动式变化，这点和天利中央商务广场深基坑工程监测结果类似，不同的是，天利中央商务广场深基坑工程土压力随施工过程的变化，其总的变化趋势是逐渐变小的，施工完成后，土压力缓慢的增大，最后趋于稳定。

2）随施工过程的变化，各曲线的拐点位置基本一致。不管是在深度 12m 处还是在浅部 3m 处，各土压力随施工过程的变化曲线，其转折点的位置基本一致。这可能是因为在疏排桩-土钉墙组合支护作用下，受支护结构的约束，坑壁某处的土压力发生变化，其他区域的土压力相应地也会发生转变。

3）土压力随施工过程的这种波动现象可能是多种因素相互作用的结果，这在天利中央商务广场深基坑观测结果的分析中已经论述过。

（2）土压力随深度的变化

土压力随深度的变化，如图 4-65～图 4-66 所示。

从图 4-65～图 4-66 可以看到：

1）开挖前（3 月 10 日前），桩后土压力随深度基本呈线性分布，与静止土压力曲线分布比较接近。这点和天利中央商务广场深基坑工程的观测结果基本类似。

2）随着深度的增加，靠土体一侧的土压力，先逐渐减小，然后逐渐增大，最后甚至增大为正值。这可能是刚开挖卸荷后，随坑壁的变形或移动，土压力由静止土压力转变为主动土压力，并随坑壁位移的增大而有主动土压力进一步减小。在疏排桩-土钉墙组合支护作用后，尤其是土拱效应的形成和预应力锚索的支护能力的发挥，使得坑壁土压力逐步稳定下来，预应力的发挥使得坑壁变形得到抑制甚至恢复，从而土压力从主动土压力向静止土压力状态甚至被动状态转变。

3）不管是哪个施工阶段，沿深度范围内，各曲线的拐点位置基本一致。这点也和土压力随施工过程的变化类似，可能是因为在疏排桩-土钉墙组合支护作用下，受支护结构的约束，坑壁某处的土压力发生变化，其他区域的土压力相应地也会发生转变。

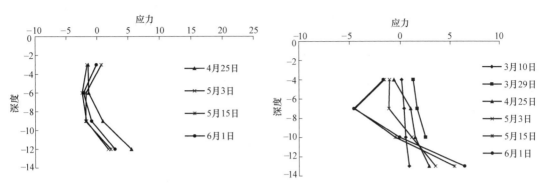

图 4-65　368 号桩靠土体一侧的应力随深度的变化　　图 4-66　143 号桩靠土体一侧的应力随深度的变化

### 3. 锚索内力

锚索内力随时间的变化曲线如图 4-67 和图 4-68 所示，从曲线上可见，随着施工过程的进行，锚索的内力逐渐减小，并很快趋于稳定。一般预应力锚索支护时，其施加的预应力均大于锚索作用位置附近的即时土压力值，故土体会发生一定程度的压缩，锚索松弛，预应力发生部分损失。而土压力的压缩，使得土压力值逐渐增大，当增大的土压力值和逐渐减小的锚索内力均衡时，锚索内力就趋于稳定不再变化。

同时，从桩 143 号、桩 253 号的观测结果看来，锚索内力的变化幅度并不显著，两个位置测试的锚索内力的变化幅度，均不大于锚索内力的 1/10。

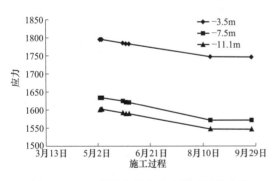

图 4-67　143 号桩旁锚索内力随时间的变化

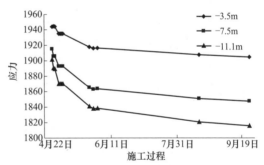

图 4-68　253 号桩旁锚索内力随时间的变化

### 4. 地下水位

施工过程中，地下水位的变化如图 4-69 所示。从图上可以看出，在疏排桩-土钉墙组合支护作用下，地下水位的变化还是较为显著。

结合工程进度表（表 4-4）还可以看出，地下水位随着开挖深度的增加而不断降低。在 4 月 12 日前，368 号桩一侧开挖了 5～6m，而 264 号桩一侧基本未进行开挖，则 368 号桩周围

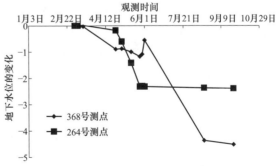

图 4-69　地下水位随施工过程的变化

所观测到的地下水位变化曲线较 264 号桩周围所观测到的地下水位曲线要陡得多，可见开

挖区域的测点较未开挖区域的测点，其地下水位减小的速度要快的多。在施工快结束后，8 月 17 日之后，地下水位变化趋于稳定。

## 4.6　疏排桩-土钉墙组合支护性能分析

从观测结果及分析可以看出，疏排桩-土钉墙组合支护，对基坑变形的发展变化具有很好的控制效果，在其支护作用下，坑壁变形得到很好的抑制，最终的变形量都远远小于变形控制标准。

下面，结合监测结果，对疏排桩-土钉墙组合支护时的力学性能给予总结。

### 4.6.1　预应力复合土钉墙支护的特性

复合土钉墙支护是疏排桩-土钉墙组合支护的主要组成之一，预应力锚索复合土钉墙是复合土钉墙的典型代表，目前的应用也较为广泛。通过现场原位观测，预应力锚索复合土钉支护具有以下一些特点。

（1）预应力锚索应用于土钉支护中能够有效地减小基坑被支护边坡的水平位移变形，且靠近边坡上部布置的锚索对于减小坡顶水平位移更有实际意义。

（2）预应力锚索复合土钉支护结构的变形具有渐进性，瞬时开挖效应不明显。实测结果表明，由于每层开挖引起的瞬时水平位移与本层开挖所引起的总水平位移的比值随开挖深度递减，变化范围在 $25\% \sim 2\%$，因此，每层开挖完成后，尽快构筑支护结构有利于减小被支护边坡的总体水平位移。

（3）预应力锚索复合土钉支护结构的水平位移最大值随着基坑开挖不断增加，其所在位移也由开挖初期坡顶的位置向下不断转移，并稳定在基坑边坡中偏下的位置，使被支护边坡沿深度变形表现为"鼓肚"状分布。

（4）预应力锚索复合土钉支护结构中土钉受力具有时间空间效应，故每层开挖完成后尽可能快速地构筑支护结构有利于减少边坡变形；预应力锚索复合土钉支护结构中土钉受力具有空间效应，故施工过程中宜采用分层分段跳挖，且每段开挖的距离不宜过长。

（5）预应力锚索复合土钉支护结构中，土钉内力并不随开挖深度的增加而一成不变地增大。当开挖至一定深度后，靠近地表地的上部土钉内力会出现明显的衰减。

（6）预应力锚索应用于土钉墙中的主要作用不在于协调整个支护结构的受力情况，而在于提高边坡抗滑移稳定性和减小边坡变形。当基坑开挖深度较深时，仅从结构受力的角度，预应力锚索复合土钉支护结构上部土钉设计不必过长，在竖向分布上，土钉宜设计成上下短、中间长的形式。对于放坡预应力锚索复合土钉支护结构，预应力锚索布置在中下部更有利于基坑的安全。

（7）预应力锚索复合土钉支护结构中，土钉内力分布与普通土钉墙无太大差异，但由于预应力锚索的作用，靠近基坑下部的土钉内力明显偏小。靠近地表的土钉内力对降雨反应敏感，同时具有时间滞后效应，施工过程中一定要对此引起注意。对于基坑边有堆载的情况，上部土钉设计应适当加强。面层土压力比较小，且几乎不受开挖的影响，不具备开挖效应。

（8）预应力锚索复合土钉支护面层土压力分布并不呈三角形分布，而是上下小、中间大的分布形式。中上部视施加预应力的大小，面层土压力与库仑主动土压力相差不大，而下部则相差甚多。

（9）预应力锚索复合土钉支护结构的作用机理可概述为：

1）土钉的主要作用表现为：箍束骨架作用；分担荷载作用；应力传递与扩散作用。

2）喷射混凝土的主要作用：坡面的约束作用，协调土钉受力的作用。

3）预应力锚索的主要作用：减小基坑边坡侧向位移和地表沉降；提高边坡抗滑移稳定性；改善支护结构受力；提高土体的抗剪强度。

4）注浆的主要作用：使土钉、锚索与土体粘结成有机整体；提高土体物理力学性能参数。

（10）预应力锚索复合土钉支护结构中，由于二次高压劈裂注浆的作用，被支护边坡土体物性力学参数将发生改变。主要表现为：土体的弹性模量增大、泊松比减小；土体的黏聚力提高；一般来说，高压注浆可以提高土体的内摩擦角，但对于渗透系数较小的黏性土，内摩擦角有可能会降低。

（11）预应力锚索在张拉锁定之后，锚头压力受基坑开挖过程影响不大，锚索的内力变化幅度不大，且很快趋于稳定。

### 4.6.2　疏排桩-土钉墙组合支护的特性

通过现场测试，疏排桩-土钉墙组合支护的特性主要体现为：

（1）疏排桩-土钉墙组合支护的可以充分利用疏排桩、土钉、锚索、面层、环梁、支撑等多种支护技术的优点，取长补短，共同作用，使得被支护体系的变形得到很好的控制。

（2）疏排桩-土钉墙组合支护可以在桩后土体内部形成土拱，利用土拱效应，最大限度地发挥土体的自稳自承能力。

（3）疏排桩-土钉墙组合支护时，疏排桩除了自身挡土作用外，还作为土拱的拱脚，承担土体应力转移过来的土压力。

（4）在桩锚复合土钉超深基坑支护结构中，影响基坑周边沉降区域的范围比较大，实测结果表明其影响范围一般在基坑开挖深度的3倍以上。

（5）疏排桩-土钉墙组合支护时，支护结构变形具有空间效应。在基坑开挖完成后，中间层土钉受力最大，上层次之，下层受力较小，最底层土钉几乎不受力。其中，中上层土钉最大受力点一般位于沿土钉延长中段附近，下层土钉最大受力点靠近面层。疏排桩中由于有土拱作用，上面三层土钉受力大，且靠近面层的8m内力大小相近，与复合土钉墙中间大、两端小有明显差别；下面两层小，内力与复合土钉墙土钉内力相似，两头小、中间段大。

## 4.7　小结

根据现场实测结果，分析了疏排桩-土钉墙组合支护结构的内力和变形的主要特征，为其在今后的设计和理论分析中提供了实测可靠的实测依据。

从实测数据分析可知，疏排桩-土钉墙组合支护技术，能较好地协调桩锚土钉等各支护构件的支护特点和优势，利用土拱效应以充分发挥土体的自稳自承能力，有效控制基坑水平、垂直位移，对开挖后的基坑变形具有很好的控制效果。

# 第5章　疏排桩-土钉墙组合支护的数值计算

　　疏排桩-土钉墙组合支护是一个三维问题，而现有理论和方法大都是将复合土钉墙简化成平面问题来研究。在采用的平面模型中，土钉在垂直于计算平面方向被展开成板状，从而明显夸大了钉-土界面的实际面积，而且这样展开的土钉将其上下土层完全分开，在这种情况下无论是否加入界面单元，也无论界面单元的力学参数如何取值，在理论上都不能符合实际。

　　基坑的变形或应力-应变状态是一个支护结构与土体的共同作用的结果，而在基坑开挖的不同工况下，支护结构与土体是一个相互作用的渐变过程，现有的分析理论和计算方法，均很难严格地考虑到这种渐变过程。

　　数值模拟方法很好地考虑到上述理论分析和计算的不足，数值模拟能够求解各种复杂的初始和边界条件问题，对所研究现象及过程可以做到定量和定性预测，且能够给出详细的完整的计算资料。因此，一般采用数值模拟方法来研究复杂的基坑支护问题，这方面目前已经有大量的研究实践和积累。

## 5.1　数值计算目的

　　在众多的数值模拟分析程序中，基于有限元差分法的 FLAC-3D 软件，不仅能很好地反映基坑的三维问题，考虑支护结构与土体的相互作用，而且 FLAC-3D 程序能够很好地模拟材料受力作用下屈服、塑性流动、软化直至大变形等力学行为。

　　本章采用 FLAC 软件，结合深圳天利中央广场（二期）基坑工程的实际工况和疏排桩-土钉墙支护结构的具体布设参数，对疏排桩-土钉墙组合支护作用下，基坑的开挖支护的动态施工过程进行分析，并将模拟模型与现场原位测试数据进行对比，为深基坑疏排桩-土钉墙组合支护技术的设计和施工提供有益的指导，对深入了解疏排桩-土钉墙组合支护技术的作用机理具有重要意义。

## 5.2　FLAC-3D 的适用性

　　FLAC-3D 是美国 Itasca Consulting Group Inc. 开发的，全称为 Fast Lagrangian Analysis of Continua，属于三维快速拉格朗日分析程序。三维快速拉格朗日分析是一种基于三维显式有限差分法的数值分析方法，它可以模拟岩土或其他材料的三维力学行为。FLAC-3D 包含了 10 种弹塑性材料本构模型，有静力、动力、蠕变、渗流、温度 5 种计算模式，各种模式间可以互相耦合，并且 FLAC-3D 还可以模拟多种结构形式，如岩体、土体或其他材料实体如梁、桩、壳、衬砌、锚索以及土工织物等[88-95]。

　　同时，FLAC-3D 程序具有强大的前后处理功能，该程序以时间步长的形式来推动程序的计算，可以记录每一时间步长下结构的受力状态，从而可以对结构从刚受力直至结构发生屈服、破坏的整个过程进行分析，并可以形成一个 flac. mov 动画文件，通过动画的方式显示整个过程，使得 FLAC-3D 成为一个求解三维岩土问题的最理想工具之一。

## 5.3 模型的建立

### 5.3.1 结构单元

**1. 土钉锚索单元**

土钉锚索采用 FLAC-3D 中的索结构。

索结构（cable structure）仅能够承受拉应力和压应力，不能承受弯矩的作用。Buhan 根据屈服设计理论认为，除了很大直径的土钉外，土钉由于抗弯作用而产生的剪应力作用较小。

另外，采用索结构的最大优点在于它可以模拟土钉、锚索与周围土体或水泥注浆体的相互作用，能够准确反映土钉、锚索的轴向拉应力和剪应力的大小和分布形式。

故采用索结构模拟土钉锚索的工作性状能够符合工程实际。

**2. 混凝土面层单元**

喷射混凝土面层采用 FLAC-3D 中的壳结构。

壳结构（shell-type structure）由多个具有三节点、18 个自由度的三角形单元组成，如图 5-1 所示。用户可以根据计算的精确程度定义三角形单元的大小，还可以规定壳结构单元的厚度、材料属性以及壳结构与土体之间的作用方式。通过对不同位置上的节点设置监测历史记录，可以得到作用于喷射混凝土面层的土压力变化过程。

**3. 环梁单元**

环梁采用 FLAC-3D 中的梁结构。

梁结构（beam structure）由多个具有 12 个自由度的和截面双轴对称的节单元（segment）组成，如图 5-2 所示，各节单元之间通过节点连接。梁截面为矩形，由梁截面的 $y$ 和 $z$ 方向的惯性矩来定义。

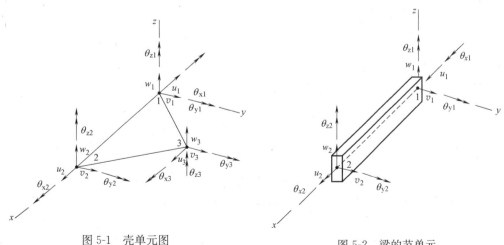

图 5-1 壳单元图          图 5-2 梁的节单元

**4. 土体单元**

土体采用 FLAC-3D 中的 SOLID95 单元。

SOLID95 单元是具有 20 节点的空间 6 面体结构，如图 5-3 所示，该单元可以在丧失较少精度的情况下改变原有的 6 面体形状为 4 面体或 5 面体，以适应模型的不规则边界。单元各节点具有 $x$、$y$ 和 $z$ 三个方向的自由度，具有塑性、蠕变、应力刚化和大应变的性能。

**5. 锚固段、接触面的单元**

土钉锚索的锚固段、腰梁加强筋与土体接触面的单元采用 FLAC-3D 中的点-面接触单元 CONTA175。

点-面接触单元 CONTA175，如图 5-4 所示，该接触单元不需要预先知道确切的接触位置，点与面之间也不需要保持一致的网格，并且允许有大的变形和相对滑动。

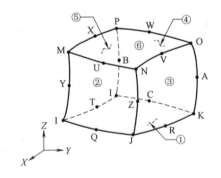

图 5-3　20 节点空间 6 面体单元

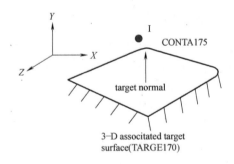

图 5-4　点-面接触单元

**6. 面层与土体接触单元**

模拟面层与土体接触的单元也采用点-面接触单元 CONTA175，通过一组节点来定义面层，生成多个单元，就可以通过点-面的接触单元来模拟面层与土体间的面-面接触。

## 5.3.2　材料参数及强度敏感性

相关材料材质的特性参数，如表 5-1 所示。

材料参数表（国际单位）　　　　　　　　　　表 5-1

| | 密　度 | 弹性模量 | 泊松比 | 黏聚力 | 摩擦角 |
|---|---|---|---|---|---|
| 填土 | 1890 | 5e3 | 0.36 | 25e3 | 20 |
| 砂混黏土 | 1690 | 8e3 | 0.3 | 22e3 | 22 |
| 淤泥质土 | 1800 | 5e3 | 0.4 | 15e3 | 12(5) |
| 砂混黏土 | 1900 | 8e3 | 0.3 | 22e3 | 22 |
| 砂质黏性土 | 1860 | 10e3 | 0.36 | 18e3 | 20 |
| 搅拌桩 | 1900 | 100e6 | 0.25 | 60e3 | 25 |
| 钻孔灌注桩 | 2450 | 26e9 | 0.167 | — | — |

材料强度弱化后对土体结构会造成一系列影响，比如：塑性区的增大和连通情况，水平位移、地表沉降、裂缝产生等，其中最重要和最明显的要算表观位移。

以下列出强度参数弱化 10% 后，对地表下 5m 处桩中间冠梁上的水平位移的影响。折减后的黏聚力和摩擦系数分别为原来的 90%，分析结果见表 5-2 和图 5-5。

| 材料强度折减 10%后对水平位移的影响 | | | | | | 表 5-2 |
|---|---|---|---|---|---|---|
| 地层 | 中点深度 | 强度参数 | 水平位移 | 位移增量 | 相对位移增量 | 无折减时位移 |
| 填土 | 3.9 | | 4.42E-01 | 6.20E-02 | 16.32% | |
| 砂混黏土 | 10.65 | | 4.23E-01 | 4.32E-02 | 11.37% | |
| 淤泥质土 | 14.55 | $c$ | 3.99E-01 | 1.91E-02 | 5.01% | |
| 砂混黏土 | 17.1 | | 3.89E-01 | 8.92E-03 | 2.35% | |
| 砂质黏性土 | 20.6 | | 3.84E-01 | 3.83E-03 | 1.01% | 3.80E-01 |
| 填土 | 3.9 | | 3.99E-01 | 1.87E-02 | 4.93% | |
| 砂混黏土 | 10.65 | | 4.08E-01 | 2.83E-02 | 7.45% | |
| 淤泥质土 | 14.55 | $f$ | 4.07E-01 | 2.73E-02 | 7.18% | |
| 砂混黏土 | 17.1 | | 4.13E-01 | 3.27E-02 | 8.61% | |
| 砂质黏性土 | 20.6 | | 4.05E-01 | 2.47E-02 | 6.50% | |

注：1. 表中各数据单位均为米（m）；

2. 所测水平位移为 A、B 剖面中间（0，−5，0）处的水平位移。

从表 5-2 和图 5-5 可以看出，填土和砂混黏土的黏聚力对基坑的稳定性影响较大，所以施工时应注意保持土体的结构性。同时，还可以看出：黏聚力对稳定性的影响随深度的增加而减小，而摩擦系数随深度的影响随深度的增加而逐渐增加。这可以从强度理论 $|\tau| = c + f\sigma_n$ 得到解释，在地表，土体内部的应力 $\sigma_n$ 较小，故黏聚力 $c$ 所占强度的比重就大。随着深度的增大，也即土

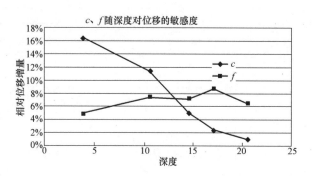

图 5-5　材料强度折减系数与位移关系

压力引起的土体内部应力 $\sigma_n$ 增大，$f\sigma_n$ 所占的比重就越来越大，也即 $f$ 的影响逐渐增大。

### 5.3.3　本构模型

#### 1. 本构模型的选择

在岩土数值模拟分析中，目前采用较多的本构模型有[96-115]：Mohr-Coulomb 弹性-完全塑性模型、非线性 $E$-$v$ 模型、非线性 $E$-$B$ 模型、渐进单屈服面模型和 Drucker-Prager 模型等。

土体、搅拌桩用 Mohr-Coulomb 强度准则，钻孔桩用的是弹性材料，锚索和土钉用的是锚索单元，喷射混凝土面层没单独考虑。主要有以下几点原因：

（1）搅拌桩实际上是土体和砂浆等其他材料的混合体，强度介于两者之间，在力学上目的主要为了提高其强度，另外还有防水等其他重要功能，故采用和土一样的本构，但强度要比土体的高；

（2）钻孔桩一般是根据结构设计理论来设计：假设其处于弹性状态，在根据计算的轴力、弯矩、剪力等设计其截面与配筋。故按弹性计算。由于其截面与周围尺寸相比较大，故不宜简化成梁单元，这里计算是按实体考虑的；

（3）岩土工程中不论是土钉和锚索，一般都是承受抗拉的构件，再加上也很像结构中

77

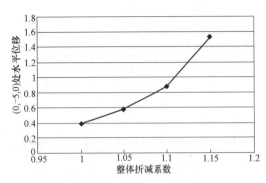

图 5-6 关键点（0，−5，0）水平位移随整体
强度折减系数的变化

的绳索有可能处于非直线状态或松弛状态，故在计算中可以都采用锚索单元，只不过屈服荷载、黏聚力、锚固长度等参数不同；

（4）喷射混凝土面层的结构功能较小，一般把它等效到与其相连的结构中去即可。

**2. 关键点的确定**

从现场监测数据可以发现，A、B 剖面中（0，−5，0）处是 FLAC-3D 模拟的关键点，其水平位移随整体强度折减系数的变化规律见表 5-3 和图 5-6。

点（0，−5，0）水平位移随整体强度折减系数的变化　　　　　表 5-3

| 整体折减系数 | 关键点位移 |
|---|---|
| 1 | 0.37993 |
| 1.05 | 5.74E−01 |
| 1.1 | 8.75E−01 |
| 1.15 | 1.53E+00 |

## 5.3.4　边界条件

Duncan 和 Goodman 认为[116]，边坡的计算范围可取边坡坡脚以下 $H$ 深、坡脚左右水平（2～3）$H$ 的范围，$H$ 为边坡高度。据此，所建模型的尺寸如图 5-7 所示。

由于模型尺寸足够大，可以认为开挖对模型边界的应力和应变影响较小，故对模型的前面、后面和底面采用固定约束，在侧面仅对 $y$ 方向施加约束，限制土体 $y$ 方向的位移。至于模型侧面的应力边界条件，可认为近似服从静止土压力的分布形式[117,118]，如图 5-8 所示。

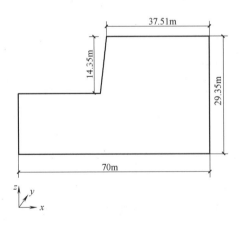

图 5-7　模型边界及尺寸

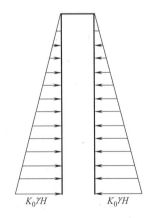

图 5-8　侧面应力条件

## 5.3.5　建立模型

由于基坑较深，土钉、锚索数量众多，建立整个基坑南侧边坡的模型则太大，以至于

网格和节点太多，计算速度非常缓慢，故建模时在 $y$ 向上仅考虑一排土钉的宽度，即 $y$ 向长度取土钉的水平间距 1.4m。最终建立的模型如图 5-9 所示。

模型中的实体单元共计 45640 个，锚索单元 1920 个，实体单元节点共计 49875 个。模型将岩土体分为两层，上层土体为粉质黏土，下层为燕山期粗粒花岗岩，距离基坑底 3.7m，其力学性能指标如下：体积弹性模量 $K=4.39×10^{10}$ Pa，剪变模量 $G=3.02×10^{10}$ Pa，黏聚力 $c=5.51×10^7$ Pa，摩擦角 $\varphi=35°$。

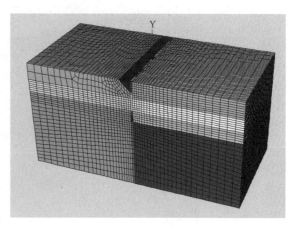

图 5-9  计算模型

# 5.4  FLAC-3D 模拟结果及对比分析

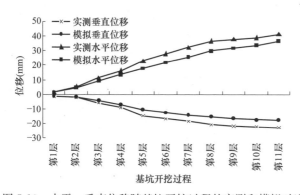

图 5-10  水平、垂直位移随基坑开挖过程的实测和模拟对比

图 5-10 给出了实测和模拟水平、垂直位移结果随基坑开挖过程的对比曲线。从图中可以看出，有限元模拟得到的水平、垂直位移与实测结果虽然有一定差异，但是差异不大，总体趋势基本吻合。

图 5-11 给出了基坑在开挖完成后各层土钉受力最大值实测和模拟结果对比曲线。从图中可以看出，由于实测结果只是在沿土钉延长上布设的几个测点，最大值不一定在测点上，所以有限元模拟得到的土钉受力最大值和实测结果数值上稍微偏大，但是总体变化趋势较为吻合，只是模拟结果中第 2 层土钉数值偏小。

## 5.4.1  水平位移

为了监测基坑边坡土体水平位移和沉降的变化，在坡顶和实际测斜管所处位置不同深度的土体中分别设置了 17 个监测点，通过 FLAC-3D 中的"History"命令对各监测点的水平位移变化情况进行监测。各监测结果如图 5-12 所示。

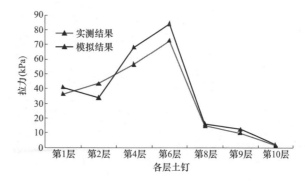

图 5-11  开挖完成后各层土钉受力最大值的实测和模拟对比

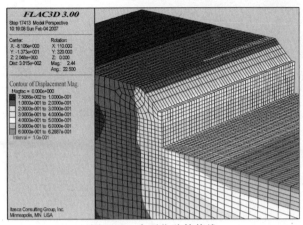

图 5-12　水平位移等值线

从图 5-12 可以看出，疏排桩 -土钉墙复合支护结构的最大水平位移发生在基坑边坡的中下部，这与实际测量的结果是一致的，反映了基坑边坡坡顶位置（S22 监测点所处位置）的水平位移随时间步长的变化情况。A、B 两试验剖面处的实测值与模拟值误差仅为 2.35% 和 1.03%，模拟结果非常接近实测值，计算值和实测值的变化趋势一致。

### 5.4.2　竖直位移

竖向位移的模拟结果如图 5-13

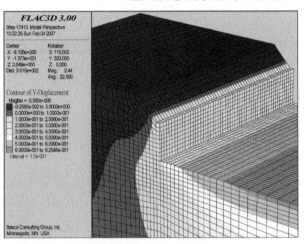

图 5-13　竖向位移等值线

所示。从图中可以看出，疏排桩 -土钉墙组合支护结构的最大沉降量位置不在基坑坡顶开挖边线处，而是距基坑边缘有一定的距离，墙后沉降的整体分布形式类似"勺"状，这与桩锚式复合土钉支护结构相类似。这主要是由于疏排桩和第一排预应力锚索施加的预应力有效地减小了支护边坡上部土体地水平位移和沉降变形；另外，喷射混凝土面层自身具有一定的抗弯刚度和界面粘结作用，三者对减小靠近开挖边线土体的沉降都发挥了积极的作用。

### 5.4.3　总位移

采用 FLAC-3D 对总位移数值模拟的结果，如图 5-14 所示。

从图 5-14 可以看出，沉降最大值发生在基坑坡顶距离开挖边线 8~11m 的位置。另外，土体开挖后，基坑底土体回弹变形较小，未超过最大沉降值，呈现出以靠近基坑坡脚处回弹变形最大，并向基坑中部递减的形式分布。这说明，基坑底靠近坡脚位置的土体受力较复杂，除了因卸荷而产生的应力释放

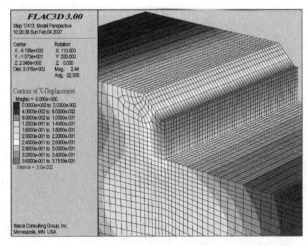

图 5-14　总位移等值线

效应外，还受到墙体因滑动趋势对其附加的额外作用，同时也从另一个方面反映了预应力锚索复合土钉支护结构的滑裂面并不通过坡脚，而是经过坡脚以下一定深度的土体，其结论与根据土钉内力实际测量结果得出的结论是吻合的，基坑处于安全稳定状态。

### 5.4.4 最大应力

图 5-15 为地表下 10m 深度处平面的最大压应力模拟图，图 5-16 和图 5-17 分别为地表下 10m 深度处土体及疏排桩-土钉墙组合支护结构的最大压应力模拟图、地表下 10m 处水平位移等值线模拟图。

从最大压应力等值线可以看出：在坑壁开挖面后面，以钻孔桩为中心，明显地存在土拱效应，其形状可以用正弦曲线或抛物线等拟合，土拱的拱高略小于桩静间距。土拱效应在应力方面较为明显，在位移方面也有一定的表现。

随着开挖的进行，灌注桩桩间土和桩后土体的不均匀变形，使得土的抗剪强度得到发挥，水平面内形成了大主应力拱，土拱效应将排桩间地基土的侧压力传递到两侧的排桩上，即相邻排桩提供了大主应

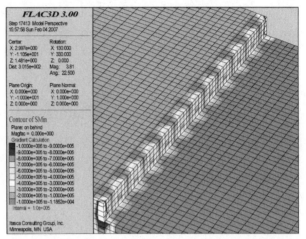

图 5-15 地表下 10m 深度处土及结构体最大压应力等值线

力拱的拱脚，如图 5-15 所示，拱脚附近的应力较之拱中间部位的应力明显要高，而拱中间部位的位移，却较之拱脚附近明显要小。

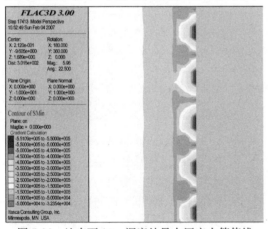

图 5-16 地表下 10m 深度处最大压应力等值线

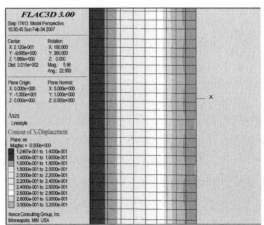

图 5-17 地表下 10m 深度处水平位移等值线

### 5.4.5 影响范围

模拟后，基坑开挖扰动的影响范围如图 5-18 所示。从图中可以看出，破坏区的影响范围在地表处约为桩后 11m，这与实际监测结果相吻合。

## 5.4.6　临界状态特征

图 5-19 表示在两灌注桩正中间的截面，在整体强度折减系数为 1.15 时的破坏情形，图 5-20 表示临界状态破坏区与锚索位置图。

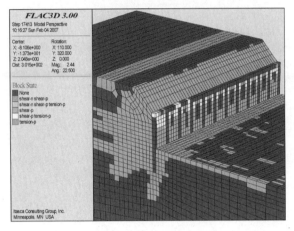

图 5-18　基坑的影响范围

从图 5-19 可以看出，棕色区域为临界破坏体，基本上是与水平面成 35°向地表延伸的，极限状态的地表影响区域离基坑距离约为 27.7m，影响深度约为 23m。图 5-20 黑线区域即为临界状态破坏区，两排锚索全部都穿过了破坏区。

从图 5-19 还可看出，双排桩中间截面的临界破坏面呈现出桩锚支护的破坏面形式，与土钉墙支护的破坏面为过坑脚的圆弧滑裂面明显不同，且影响深度较土钉墙支护方式大为增加，从而验证了疏桩支护大大增加了基坑整体稳定性的原因及实际效果。

从以上分析可知，天利中央广场基坑支护结构整体稳定性取决于支护参数和土体性质，按照目前的参数，处于稳定状态。如灌注桩本身强度足够，可能的失稳模式为整体内倾破坏。另外的破坏模式，如管涌等需单独计算。

## 5.4.7　支护结构变形特性

疏排桩与土钉墙组成连拱式组合支护结构，其工作原理是将桩墙式结构的垂直受力状态转化为拱结构的水平受力状态，即将垂直于拱截面的水土压力产生的弯拉力转化为沿拱轴方向的轴压力，因而可以利用被加固土体受压时强度高的这一特性。在竖直方向虽然仍存在剪力和倾覆力矩，但可以利用拱的空间效应来调整跨度即桩间距的大小、土钉锚索以及面层等的作用强度来平衡。就天利广场的工况而言，可以通过调整桩间距、加固区的宽度、嵌固深度来调节，还可在拱脚等处加设支撑。

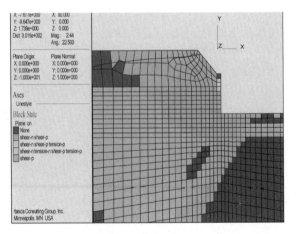

图 5-19　两灌注桩正中间截面在整体强度折减系数为 1.15 时的破坏情形

不论是在围护结构上部还是下部，水平拱仍承担较大的外荷载，外荷载主要呈水平向拱脚传递，而拱脚为强度刚度大得多的桩体，且传递到拱脚的荷载大部分左右相互抵消，则外荷载引起的变形很小，整个围护结构的变形便相应也小。

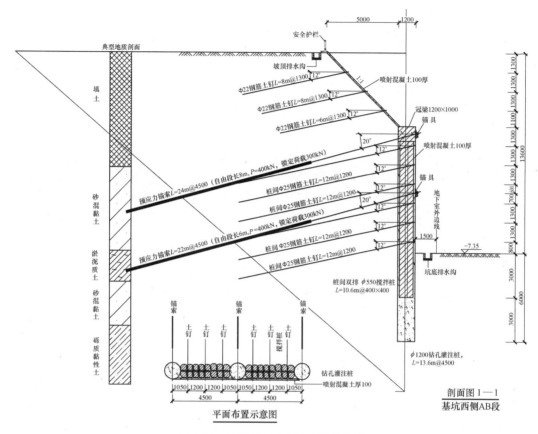

图 5-20 临界状态破坏区与锚索位置

进一步分析可见，拱形结构是一种自立能力较强的围护结构，即使在插入深度较小坑底土质较差的情况下，只要能保证围护结构不发生整体失稳和隆起破坏，单撑拱形结构也不会出现踢脚的情况。

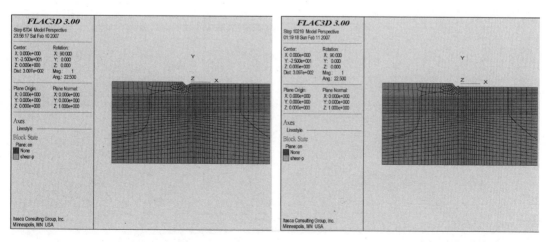

图 5-21 塑性区随开挖过程的变化（1）　　图 5-22 塑性区随开挖过程的变化（2）

因此，疏排桩-土钉墙组合支护技术，具有较高的可靠性和稳定性，并且对基坑变形及其发展，具有很好的控制效果。

图 5-21～图 5-34 表示出了在基坑工程开挖过程中，疏排桩-土钉墙支护结构引起基坑周围土体的塑性变形的发展变化情况。

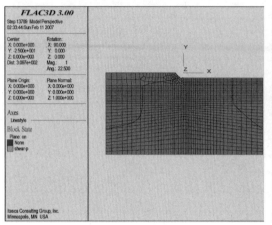
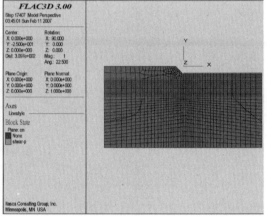

图 5-23　塑性区随开挖过程的变化（3）　　　图 5-24　塑性区随开挖过程的变化（4）

从图 5-21～图 5-34 可以看出，在基坑开挖初期，基坑土体塑性区主要集中在坡顶处，且沿深度方向逐渐向下发展。从图 5-27 可以看出，随着基坑的进一步开挖，坡顶处塑性区继续向下发展，坡脚处也开始发生塑性区，并随开挖过程沿深度向下发展。在水平方向上，局部出现塑性区。从图 5-28～图 5-30 可以看出，坡顶、坡脚处的塑性区继续向下发展，水平方向的塑性区也逐渐向坡脚方向以及远离坡脚两个方向发展。此时，在靠近基坑边坡坡脚处出现应力集中和应变集中，塑性区在该位置逐渐扩大，最大塑性应变区出现在靠近坡脚处及水平方向沿远离坡脚一定距离处。从图 5-31～图 5-34 可以看出，随着基坑开挖的完成，坡脚和坡顶塑性区继续发展、扩大，并逐渐贯通。基坑土体最大塑性应变区出现在距基坑坑壁一定距离处。

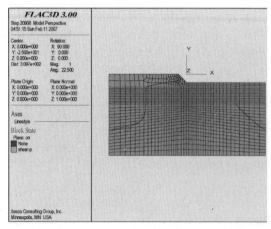

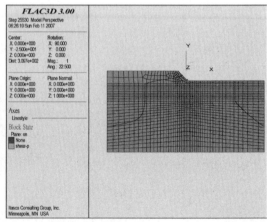

图 5-25　塑性区随开挖过程的变化（5）　　　图 5-26　塑性区随开挖过程的变化（6）

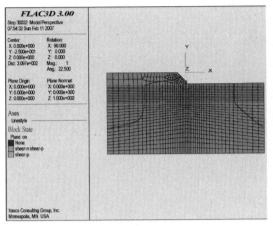

图 5-27　塑性区随开挖过程的变化（7）

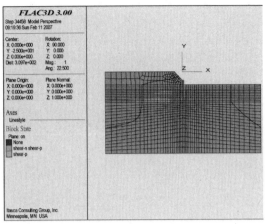

图 5-28　塑性区随开挖过程的变化（8）

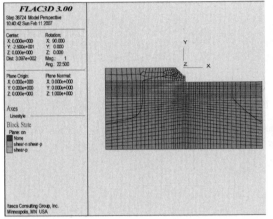

图 5-29　塑性区随开挖过程的变化（9）

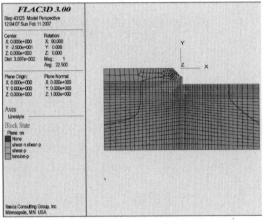

图 5-30　塑性区随开挖过程的变化（10）

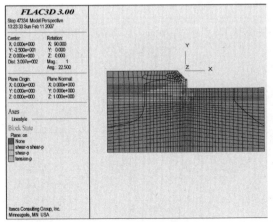

图 5-31　塑性区随开挖过程的变化（11）

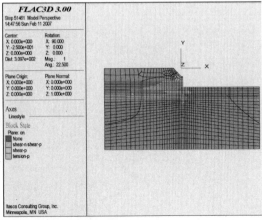

图 5-32　塑性区随开挖过程的变化（12）

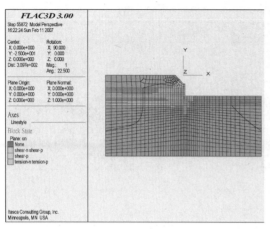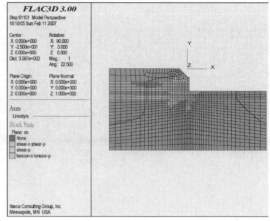

图 5-33　塑性区随开挖过程的变化（13）　　　　图 5-34　塑性区随开挖过程的变化（14）

## 5.5　桩后土压力、桩身位移、桩身弯矩及土钉拉力随开挖深度变化特性分析

### 5.5.1　桩身弯矩随深度变化特性分析

从图 5-35 曲线可见，桩身弯矩整体上体现出桩锚支护特点，只是第一排与第二排锚索之间一直出现弯矩的最大值，这是由于上面 6～10.0m 间土拱效应较强，引起了桩间土压力的转移至支护桩上，造成本区域弯矩较大。上图与实测数据比较，趋势与桩锚支护近似，数值上相差较大，约较理正软件计算值大 1/3 左右。

### 5.5.2　桩身变形随深度变化特性分析

从图 5-36 可见：桩身变形随深度变化而加大，只是位移数值较实测值大。

### 5.5.3　桩后土压力随深度及平面位置变化特性分析

从图 5-37 可见，土压力随深度变化整体趋势体现了土拱效应，－10m 以上土压力较

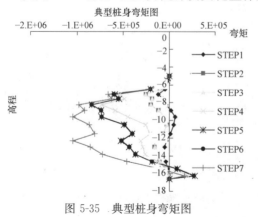

图 5-35　典型桩身弯矩图　　　　　　　　图 5-36　桩身变形随深度变化

密排桩的土压力大，体现了土拱效应引起的拱脚桩土压力的增大。与实测的曲线上部差别较大，可能是由于土压力盒埋设的间距为 2.0m，未能精确反映土压力的变化。

### 5.5.4　土钉拉力随深度变化特性分析

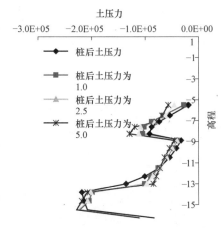

图 5-37　桩后土压力随深度及平面位置变化

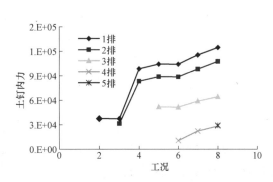

图 5-38　土钉拉力随深度变化

从图 5-38 可见，土钉轴力最大值随工况（深度）变化规律与实测的基本上能保持一致，均是从第一排至第五排渐小，数值上也吻合，从 200kN 变到 40kN。每一排最大值随深度变化的趋势也与实测的相一致，也都是在开挖土钉下两层土时，最大值增加较大，以后的工况数值趋于稳定。

## 5.6　桩间距、桩嵌固深度、土钉拉力、土层性质与土压力及变形的敏感性分析

### 5.6.1　桩间距变化对桩后土压力、桩间土压力及桩身变形的影响

从图 5-39 可见，墙后 1.0m 与墙后 5.0m 处土压力沿高程有相似分布，但从数值上

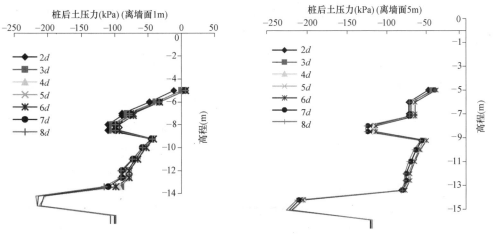

图 5-39　桩间距变化对桩后土压力分布影响图

看，桩后 5.0m 土压力较桩后 1.0m 处土压力要大得多。

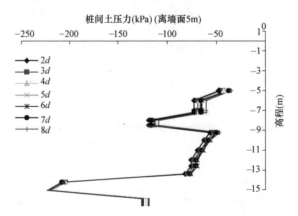

图 5-40　桩间距变化对桩间土压力分布影响图

从图 5-40 可见，桩间距较大时，由于土拱的作用，桩后土压力要大于桩间的土压力。但其差别随离墙面的距离增大而减小。

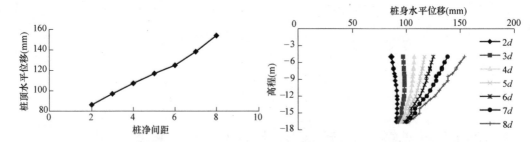

图 5-41　桩顶水平位移随桩净距变化曲线图　　图 5-42　桩身水平位移随桩净距变化曲线图

桩顶水平位移几乎随这桩净间距的增大而线性增长。桩身的位移增长与实测的桩身位移曲线相似，都是桩顶位移增长速度要大于桩底，且都向基坑开挖方向发展。从图 5-41 和图 5-42 可见，桩间距对桩身水平位移影响明显，桩间距从 2d→8d，最大水平位移增大约一倍（8cm→16cm）。

### 5.6.2　疏排桩-土钉墙支护结构桩嵌固深度变化对桩后土压力、桩间土压力及桩身变形的影响

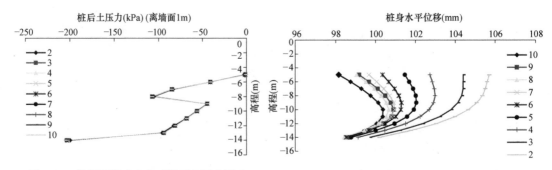

图 5-43　桩嵌固深度变化对桩后土压力影响　　图 5-44　桩嵌固深度变化对桩身水平位移的影响

**88**

从图 5-43 和图 5-44 可见，桩嵌固深度变化对桩后土压力影响甚小，对桩身位移有一定影响。随着嵌固深度的增大，从 2m→5m 时，桩身顶端最大位移减小速率较快（106mm→100mm）；从 5m→10m 时，桩身最大位移变化很小，表明对疏排桩-土钉墙支护结构来说，嵌固深度有一合适的范围，过长的插入深度对整体稳定性与控制位移贡献不大。

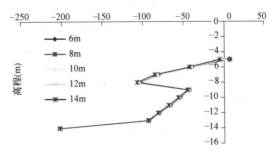

图 5-45　不同土钉间距对桩后土压力影响

### 5.6.3　疏排桩-土钉墙支护结构土钉间距对桩后土压力的影响

从图 5-45 可见，土钉间距的变化对桩后土压力影响不大，土钉主要是维护桩间土的局部稳定性，对土拱的形成与稳定贡献较大，它不能改变土拱的形态及其土压力传递的效应，因此，对桩后土压力影响有限。

## 5.7　小结

合理的有限元模拟，能够反映预应力锚索复合土钉支护在开挖过程中的受力和变形特征，为该支护方法的设计和施工提供指导。从以上对比可以发现，采用 FLAC-3D 模拟得到的结果，无论是水平、垂直位移还是土钉受力和实测值相比，得到的结果都较为吻合。但是，从对比也发现，得到的结果和实测值仍然存在一些差异。这主要是由于支护前后土体的力学性能有了较大改变，使得模型力学参数的准确取值存在一定困难。

有限元模拟的主要结论如下：

（1）疏排桩-土钉墙组合支护技术，具有较高的可靠性和稳定性，对基坑变形及其发展有很好的控制效果。

（2）疏排桩-土钉墙组合支护结构的变形，在水平方向上表现为"鼓肚"状分布，最大水平位移发生在基坑边坡中偏下的部位；在竖直方向上表现为类似"勺"状分布，其最大值发生在较靠近基坑开挖边线的一定范围内。

（3）在疏排桩-土钉墙组合支护中，为有效地控制基坑变形和提高其稳定性，从上到下宜逐渐增大锚索的预应力。对于放坡疏排桩-土钉墙支护结构，基坑坡脚及基坑底靠近坡脚的位置为受力最薄弱的位置，设计时应加强对坡脚的设计。

（4）从最大压应力等值线可以看出，以承重桩为拱脚存在明显的土拱效应，其形状可以用正弦曲线或抛物线等拟合，拱高略小于桩静间距。

（5）在以相邻排桩为拱脚的大主应力拱外侧的地基土受到了可靠的支撑，而在大主应力拱的内侧的地基土处于不稳定状态而产生剥落，若在大主应力拱的内侧存在一定厚度的覆土，则地基土可覆土而维持平衡。临界破坏体基本上是与水平面成 35°向地表延伸。

（6）疏排桩-土钉墙支护结构的基坑土体塑性区随开挖过程逐渐发展、扩大，由坡顶逐渐向坡脚发展，在局部出现应变集中区；随着基坑的进一步开挖，塑性区集中在靠近坡脚处，并在水平方向逐渐向靠近坑壁和远离坑壁两个方向发展，最终各塑性区贯通连接。

（7）基坑的整体稳定性取决于支护参数和土体性质，按照已有的参数及监测数据分析，本章选取的典型基坑处于稳定状态；如灌注桩本身强度足够，可能的失稳模式为整体内倾破坏。

# 第6章 疏排桩-土钉墙组合支护工法

## 6.1 疏排桩-土钉墙组合支护技术

### 6.1.1 疏排桩-土钉墙组合支护的定义

疏排桩-土钉墙组合支护技术是一种将被动受力支护结构和主动受力支护结构结合在一起的，应用于边坡基坑等支护工程中的组合支护技术。被动受力结构是指疏排桩、撑锚、环梁等，主要承受桩后水土压力及桩间由土拱作用传递过来的水土压力，主动受力结构是指土钉墙或复合土钉墙，主动受力结构主要承受桩间土体传递过来的部分土压力，将土拱前自由脱落的土压力传递到土拱及土拱后面稳定的土体上，同时对土拱及拱后土体起到加固稳定作用[119-122]。

### 6.1.2 疏排桩-土钉墙组合支护技术的应用范围

疏排桩-土钉墙组合支护技术的应用范围及适用条件为：

（1）适用于土层性质较好，软弱层厚度不大的环境。在土体性质较好的土层中，适于土钉加固，成拱效果也较好。

（2）适用于深度大、位移预控严格及可以计算的支护工程。在深度浅小的基坑工程中，采用桩、钉、锚等多种支护的组合形式，成本和技术上均显得不是很合适。另外，疏排桩-土钉墙组合支护对变形控制效果较好，在位移预控要求不高的环境中也不太适合。

（3）适合于具有一定施工作业面的工程。因土钉、锚索的钻孔置入需要一定的工作面，无土钉锚索施工空间的支护工程，也不太适合采用疏排桩-土钉墙组合支护形式。

（4）适合于地下水位埋藏较深的环境。由于疏排桩-土钉墙组合支护，其桩体之间具有一定的间距，桩间也为土钉锚索等支护形式，自身止水防水效果差，若地下水丰富且水位较高，需要采用大型的专门的止水帷幕，显得不是很适合。

### 6.1.3 疏排桩-土钉墙组合支护工法的配套技术

疏排桩-土钉墙组合支护技术主要由疏排桩、支撑、环梁及桩间结构等构成。桩间结构一般为土钉、锚索、面层等。一般而言[118]，疏排桩由一系列一定间距的桩体组成，以能最大程度地发挥土体的土拱作用为准，由桩间距与桩径之比进行控制，参考值可取2～8。疏排桩之间的支护结构为土钉墙或复合土钉墙，一般采用由土钉、混凝土面层、止水帷幕等构成的复合土钉墙。

疏排桩-土钉墙组合支护的各结构构成，其布设形式和施工工艺，是该支护方法的配套技术，可结合工程的实际工况而灵活应用。下面，介绍两种新的配套技术——自进可控注浆式锚杆技术和无腰梁预应力锚索护壁桩锚固技术。前者可以替代土钉及其锚杆，其主要适应性在于：首先，由于施工速度快，能及时维护桩间土的局部稳定性，维持土拱的良好形态；再者，可以方便施加预应力，能较大限度地抵抗部分土压力；由于不需预成孔，尤其适合在砂层等透水性强的地层中施工；后者可以替代腰梁的施工，进度快，成本低，且柔性好，有利于土拱的形成与发育。

**1. 自进可控注浆式锚杆**

锚杆是用于深基坑和边坡支护中的一种受力锚杆，其一端与支挡结构相连，另一端深埋于土中，将支挡结构所承受的土压载荷传到土层深处，从而起到稳固支挡结构的作用。传统锚杆是由受拉杆件（多为实心）、注浆管、隔离架、内锚固段、自由段、外锚头等组成。其施工顺序为：钻孔—放置锚杆体—注浆—张拉锚固。注浆分常压注浆和二次高压注浆。

自进可控注浆式锚杆，是一种新型的锚杆结构，其最大的特点是不需单独钻孔且注浆可以控制，自进可控注浆式锚杆的结构和施工过程均较传统锚杆有很大不同。

（1）结构组成

如图 6-1 所示，自进可控注浆式锚杆由精轧外螺纹钢管、螺纹钻头、连接螺帽、止浆塞、注浆孔橡胶罩、锚垫板和外锚固螺帽等组成。

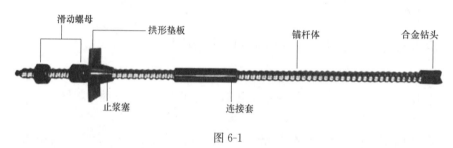

图 6-1

自进可控注浆式锚杆的杆件，并不是传统锚杆那样呈实心的，而是空心的钢管结构，可以兼做注浆管使用。钢管外侧为螺纹结构，其前端还设计有螺纹钻头。钻杆的螺纹钻头和螺纹结构，可以使得钻杆自身钻进，而不需要专门的引孔设备。由于杆件要兼作注浆管，故杆件上布置有按一定规律排列的注浆孔。

（2）工艺特点

由于自身的结构特征，较之传统锚杆，自进可控注浆式锚杆具有以下的工艺特点：

1）可以自进，不需钻孔。

自进可控注浆式锚杆可以直接利用前端的螺纹钻头和钢管杆体的外螺纹钻进，不需要像传统锚杆那样，在置入前要用其他设备进行引导性钻孔。

2）自身可以作为注浆管进行注浆，不需要专门的注浆管。

由于自身杆件为空心管状结构，且管上还分散布置有注浆孔，可以直接利用杆件本身进行注浆，不再需要专门的注浆管及其操作。杆体上的出浆孔罩有橡胶罩，以防止浆液倒灌回钻杆内。

自进可控注浆式锚杆可以直接利用前端的螺纹钻头和钢管杆体的外螺纹钻进，不需要像传统锚杆那样，在置入前要用其他设备进行引导性钻孔。

3）可以在锚杆沿长的不同部位或整体进行二次或多次注浆，以在适当的部位形成相应的锚固扩大体，满足工程支护要求。

一次常压注浆后，将杆体内水泥浆冲洗干净，以备二次高压注浆使用。待水泥浆初凝后，进行二次注浆。二次注浆时，把注浆管和可控式注浆头放入锚杆体内，并使可控注浆头上的注浆孔与锚杆体上的注浆孔在同一位置，而可控注浆头的出浆孔两边有橡胶密封圈，阻止水泥浆上下流动，使其只能从锚杆体的出浆孔流出。再次的高压注浆体，将一次注浆后初凝的浆体劈裂，从而形成锚固扩大体，增强锚杆的锚固力。

由于二次注浆管和注浆头，可在锚杆体内上下移动，因此，可根据锚杆体上的出浆孔位置，按设计要求进行二次或多次注浆，形成相应的锚固扩大体，以满足工程对锚杆支护能力的需要。

**2. 无腰梁预应力锚索护壁桩锚固技术**

无腰梁预应力锚索护壁桩锚固技术，是用于岩土加固施工的一种新的支护工艺。如图6-2所示，先在锚孔高度的桩身上安设钢垫板，然后将桩一侧（如右侧）的锚索绕过桩身后的另一侧（即左侧），并用双向锚固装置反向锚固，将桩左侧的锚索用双向锚固装置正向锚固后进行张拉，达到设计锁定值后进行锁定。

无腰梁预应力锚索护壁桩锚固技术不需要用型钢或混凝土制作安装腰梁，可节省支护成本20%，并可节省简化工序，增大基坑使用空间，提高施工效率。该工法是冶金部建筑研究总院在深基坑领域的一项科研成果，1996年通过冶金部部级鉴定，并获得发明专利。

（1）工作原理

无腰梁预应力锚索锚固技术，是利用预应力锚索钢绞线的柔性来围绕护壁桩，并将其拉紧从而达到稳固土体的目的。如图6-3所示，当锚索1的四束钢绞线绕过第一根护壁桩后，穿过反向锚孔并用锚夹片锚固后，锚索2的四束钢绞线由正向锚孔穿出，再由千斤顶预紧并张拉到验收吨位，然后卸荷至锁定吨位锁定，卸去千斤顶。这样，第一根桩便被预应力锚索拉紧。锚索2的剩余钢绞线绕过第二根桩身

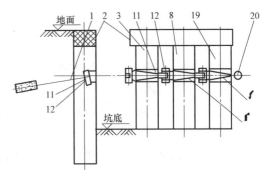

图6-2　无腰梁预应力锚索护壁桩锚固

并穿过第二个无腰梁锚具的反向锚孔，用锚夹片锚固后，将锚索3的四束钢绞线由正向锚孔穿出，重复上述步骤，则第二根桩也被预应力锚索拉紧而锚固。如此往复，则整个基坑的护壁桩均被预应力锚索拉紧，从而形成深基坑"桩-锚"支护体系。

（2）工艺特点

无腰梁预应力锚索护壁桩锚固技术，是直接将锚索与护壁桩绕后并直接张拉锁定，减少了腰梁这个中间传力环节，具有如下的工艺特点：

1）外锚具结构由锚板、锚夹片和反向锚夹片压板组成，且锚板应设计成其上面有正、反两组锚孔的形式。外锚具的结构如图6-4所示。A组锚孔为正向锚孔，$B_1$ 与 $B_2$ 锚孔为反向锚孔。A组锚孔穿出的钢绞线通过张拉千斤顶张拉；另一根锚索的钢绞线绕过护壁桩穿进B组锚孔由锚夹片锚紧，盖上锚夹片压板；在A组锚孔的钢绞线有千斤顶拉紧过

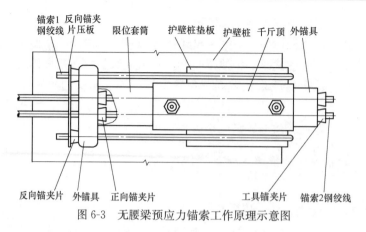

图 6-3　无腰梁预应力锚索工作原理示意图

程中，B 组锚孔的钢绞线提供支撑反力，相当于腰梁的作用。如图 6-4（b）所示。

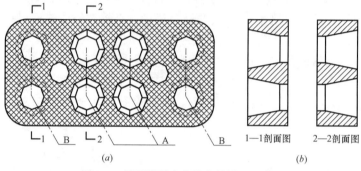

图 6-4　无腰梁预应力锚索外锚具示意图

2）桩体应布设为具有一定桩间距的疏排桩。桩间距越小，对锚具受力越有利。但桩间距太小，不利于利用土拱效应。

3）桩间土体的挖除，应超过桩体直径所在的剖面，这样对喷射混凝土面层受力有利，并且便于安设锚具。

4）锚具板上应有反向锚具限位装置，以防锚索张拉紧固时，以及再次张拉时，锚夹片发生滑脱。

以上所引进的配套技术，除可应用于疏排桩-土钉墙组合支护外，也可以单独使用或应用于其他的组合支护形式。

# 6.2　疏排桩-土钉墙组合支护技术的设计计算与实用程序

## 6.2.1　理论计算

### 1. 成拱条件及土压力传递

参见图 3-2，疏排桩-土钉墙组合支护中，土拱受到的主要力有：拱后土体的土压力、拱脚桩的支撑水平力、拱脚支撑的摩阻力、土拱前的自由区土的压力。此外，还有上下拱面受到的压力及摩阻力，因其近于大小相等方向相反，互相抵消，不予考虑[123-125]。土拱在上述力作用下维持静力平衡。

土拱与拱脚支撑的摩阻力必须大于土拱受到的土压力，才能不会发生挤出破坏。在土层性质确定的情况下，主要通过桩间距与桩径比这一参数来控制，在桩径一定时，通过桩间距来调节。具体计算可用公式（3-11）～公式（3-13）。

土拱传递的土压力大小及土压力的分布规律，可按公式（3-17）～公式（3-19）进行计算。

**2. 稳定性计算**

疏排桩-土钉墙组合支护技术的稳定性计算，包括局部稳定性计算及整体稳定性计算两个方面。

（1）内部稳定性

支护结构内部稳定性分析，参照边坡稳定安全系数的计算方法。综合锚杆与疏排桩的抗滑力矩，根据式（3-23）～式（3-24），即可得到疏排桩锚-土钉墙组合支护的稳定安全系数。

（2）整体稳定性

考虑土拱作用的疏排桩-土钉墙组合支护的整体稳定性分析，可采用桩锚支护时的稳定性分析方法，只是原朗肯土压力须用 $E_2+E_3$ 代替。土压力土钉墙滑移面以上考虑土拱作用；滑移面以下可视为未发生位移，无土拱作用，按朗肯土压力计算。滑移面以上按桩及土拱组合体的抗弯弯矩进行换算。整体变形及内力等可按规范桩锚支护模型采用 $m$ 法进行计算。

可参考式（3-30）～式（3-40）及"$m$"法进行分析计算。

**3. 设计流程**

（1）确定基本参数及其取值范围

确定边坡基坑的深度、土层参数、桩径、超载、土钉锚索间距及其倾角等参数，并对它们的可靠取值给予确定。

（2）土压力计算过程

1）由式（3-8）～式（3-14）设计或验证土拱的形成；

2）由式（3-15）及图 3-4 确定破裂面可能的存在形式，并确定土拱作用较强的区域；

3）由式（3-17）～式（3-19）确定 $\sum\limits_s \Delta q'$，从而求得 $V$；

4）由式（3-20）求得桩后 $E$。

（3）疏排桩-土钉墙组合支护结构稳定性计算过程

1）按式（3-38）计算桩间土钉墙局部稳定性。

2）按式（3-29）～式（3-37）确定校核土钉分布参数；

3）按式（3-17）～式（3-20）确定桩后土压力；

4）按桩锚支护的相关计算方法确定锚索拉力及桩嵌固深度；

5）计算桩弯矩，按弯矩大小进行桩配筋大小。

（4）利用 $m$ 法或有限元等方法计算支护方法的变形

（5）依据计算结果，合理选取各支护实体的参数

## 6.2.2 实用程序

**1. 程序介绍**

（1）程序的说明

在前面理论分析的基础上，为了计算的简便，也为了能更好地推广和应用疏排桩-土钉墙组合支护技术，特编制了《土钉墙与复合土钉墙基坑支护工程计算程序》软件 1 套。该程序由中国京冶工程技术有限公司深圳分公司负责研制和编写，版本号 1.0.0，2008 年5 月完成。程序的说明界面如图 6-5 所示。

图 6-5　程序说明界面

（2）程序的计算原理

该程序的计算原理，包括土拱效应的判断，土压力、支护结构内力的计算，变形、稳定性分析等，均以第 3 章的理论分析及推导为基础。

（3）程序的主要功能

该程序可以用于计算支护结构的内力和变形特征，可以对支护结构作用后，土体内部可否形成土拱进行判断。因此，通过调节各支护参数，如排桩的直径、间距、材质，土钉锚索的长度、位置等进行试算分析，选择给定工况下，支护作用后被支护体系位移较小、稳定性较好、支护结构内力也较小的支护形式及其参数给予施工。

根据输入的土体土层和支护参数等信息，该程序可以直观地绘制出立面图或剖面图，分析计算后的结果，可以直接显示出来，也可以以计算书的形式存盘或打印出来。图 6-6为该程序的主计算界面，界面左侧为参数录入区域，右侧为计算分析和绘图区域。

图 6-7 是进入主程序后的新建窗口界面，从图 6-7 可以看出，除了可以用来设计疏排桩-土钉墙组合支护，或对现有的疏排桩-土钉墙组合支护的力学特性给予分析外，该程序还提供了另外两个计算模块，也可以用该程序来设计或分析土钉墙及复合土钉墙支护工程和排桩锚杆支护体系工程。

**2. 计算实例**

（1）计算资料

为了进一步说明该程序的用法和使用效果，特用实际工程资料对其计算。计算所使用的原始资料为天利中央商务广场深基坑的真实地质资料，如表 3-1 所示。支护形式及参数也和天利中央商务广场深基坑类似，采用疏排桩-土钉墙组合支护结构进行支护，疏排桩间距 4.5m，桩径 1.2m，基坑 5m 深范围内采用 1∶1 的放坡形式进行处理。连放坡段的 3排土钉在内，共设 9 排土钉 2 道锚索，放坡面的 3 排土钉从上到下，长度分别为 8m、

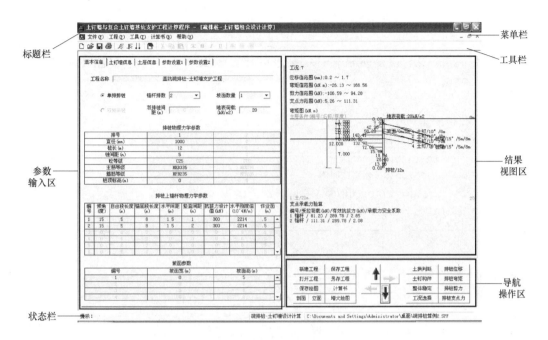

图 6-6　参数信息输入窗口界面

图 6-7　新建窗口界面

8m、6m，放坡面以下的土钉长度均为 12m；所有土钉的垂直间距和水平间距均分别为
1.2m、1.1m，且倾角均为 12°；第一道锚索长为 24m，第二道锚索长为 22m，锚索倾角
均为 20°，锚索水平间距均为 4.5m，竖直间距均为 4.0m。支护剖面如图 4-24 所示。

（2）计算结果

图 6-8～图 6-12 为使用《土钉墙与复合土钉墙基坑支护工程计算程序》软件分析计算
后的结果。

图 6-8 是对开挖支护完成时基坑周围形成土拱与否的判断，从图上可以看出，对应工
况下可以形成完整的土拱，土拱的失高 3.11m，土拱影响深度为 9.17m，土拱所分担的土

压力为 398.27kPa，约占整个潜在滑裂体土压力的 16.86%。

图 6-9、图 6-10 分别为软件计算后的土压力分布曲线和疏排桩（坑壁）位移变化曲线。结合图 4-27、图 4-32 的实测土压力和位移曲线，可以看出，在疏排桩的位移方面，

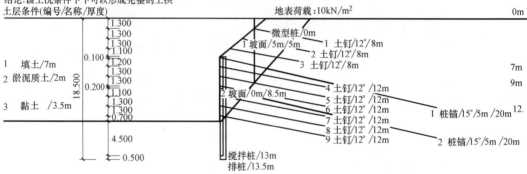

图 6-8 土拱判断

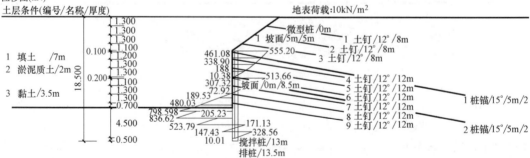

图 6-9 剪力计算

利用该软件分析计算的结果和实测结果具有较好的可比性,软件计算曲线和实测曲线两者之间,无论是在变化趋势上,还是在极大极小值方面,都比较接近。在桩身土压力的实测结果和软件计算结果之间,其变化趋势有点差异,但极值之间还是比较接近。这可能是因为实测时所埋设的土压力盒数量有限,未能完全反映十几米深度范围内土压力的变化。从其他理论分析结果以及卓越皇岗世纪中心深基坑的监测结果看来,土压力沿深度均有一定程度的波动变化,从这个角度看来,一定程度上说明该软件的分析计算结果较为正确。

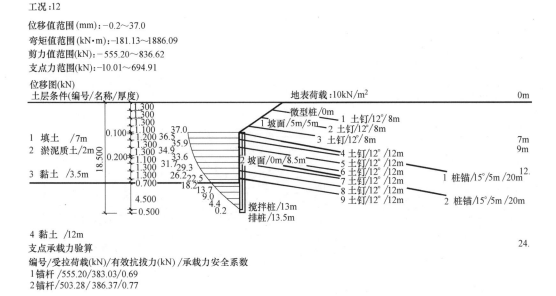

图 6-10　位移分析

图 6-11 为使用软件对基坑支护体系的稳定性做出的分析。从图上可以看出,潜在滑

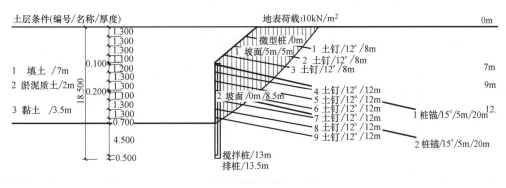

图 6-11　稳定性分析

移面中心在（－7.30，0.00）的位置（注：坐标原点在地表与基坑坡面的交点处，即坑顶），在所设计的疏排桩-土钉墙组合支护作用下，基坑的稳定性安全系数为1.3。位移分析图在数值与趋势上均与实测曲线（图4-27）有高度的吻合，这也证明了本软件的可靠度和实用性。

图 6-12 为软件分析计算后的弯矩图，与有限元分析得到的弯矩曲线（图 5-34）在数值与趋势上都有较大的一致性。

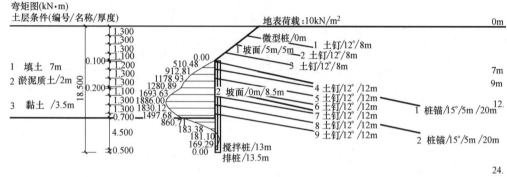

图 6-12　弯矩计算

# 6.3　疏排桩-土钉墙组合支护技术的实施

### 6.3.1　疏排桩-土钉墙组合支护技术施工要点

（1）土方开挖应分层分段开挖，不得超挖；土钉墙施工应分层施工，下一排土钉锚索须在上一排强度达要求后再进行。

（2）疏桩与止水桩交接处应注意止水效果，可增设旋喷止水措施。

（3）疏桩应在止水桩达一定强度时施工，既要方便疏桩的成桩，又要注意与止水桩的搭接。

（4）桩上锚索施工可以预设留孔，锚索应在达到强度后再进行张拉。

（5）为节省工期，结合监测结果，并经过验算，在安全可靠的前提下，可以在锚索养护期间同时进行下一层土方的开挖至合理深度[126,127]。

### 6.3.2 疏排桩-土钉墙组合支护技术施工流程

疏排桩-土钉墙组合支护的主要施工工序为：止水帷幕→疏排桩→分层分段开挖→环梁（支撑）安设→土钉锚索施工→……→直至浇筑坑底。

### 6.3.3 疏排桩-土钉墙组合支护技术施工中的事故处理

（1）疏排桩-土钉墙组合支护技术施工中易发生桩间土局部坍塌事故。由于超挖、止水桩施工质量缺陷及软弱地层厚度过大等原因，疏桩-土钉墙易发生局部坍塌。发生后可以采用钢管土钉加固，面层上可设横梁增强与疏桩的整体性；

（2）事故发生时，还要对周边建筑物、地下管线、道路及相邻基坑进行保护，不应产生不利影响；

（3）事故处理后，应在事故发生部位及相邻部位增加监测点加强监测，及时进行预报工作，严防事故再度发生；

（4）如发生基坑位移过大时，可增设锚索，或对锚索重新进行张拉[2,3]。

## 6.4 疏排桩-土钉墙组合支护监测及检验

### 6.4.1 疏排桩-土钉墙组合支护监测

（1）应对桩身及桩间土钉墙部分分别设置位移、沉降观测点，布置适量测斜孔；

（2）应对水位进行观测；

（3）应对桩身应力、锚索拉力及土钉拉力进行观测；

（4）应对梁的钢筋应力进行观测，测试梁弯矩大小。

### 6.4.2 疏排桩-土钉墙组合支护检验

（1）对混凝土、钢筋、石子及砂须进行原材料批量送检；

（2）对桩、土钉及锚索应按相关验收规范进行验收试验。

## 6.5 小结

对疏排桩-土钉墙组合支护工法给予了一个完整的定义，对其使用范围和配套技术进行了介绍。同时系统阐述了疏排桩—土钉墙组合支护技术的设计计算流程和施工流程。根据理论推导的成果，编制了一套分析计算疏排桩、土钉墙的软件——《土钉墙与复合土钉墙基坑支护工程计算程序》。利用该软件分析计算的结果和实际工况对比发现，该软件的分析结果具有较好的可比性。最后，还对疏排桩-土钉墙组合支护作用时的监测和检验给予了说明，综合形成了一套较完整的施工工艺，可以用来指导边坡基坑等工程的设计与施工。

# 第7章 结 论

本书对新型支护技术疏排桩-土钉墙组合支护，进行了全面而又深入的分析。研究了疏排桩-土钉墙组合支护技术的作用机理，讨论了对疏排桩-土钉墙组合支护效果的影响因素，以及这些影响因素在疏排桩-土钉墙组合支护时的演变规律。对疏排桩-土钉墙组合支护时的土压特性进行了分析，建立了考虑土拱效应的疏排桩-土钉墙组合支护土压力分布模型，并推导出了相应的土压力计算方法。分析了疏排桩-土钉墙组合支护作用时的稳定性和变形特征，以此为基础，给出了疏排桩-土钉墙组合支护作用的稳定性和变形计算公式。通过以疏排桩-土钉墙为支护的深大基坑的现场实测和有限元数值模拟，对疏排桩-土钉墙组合支护技术在实际工况下的作用效果给予了肯定；通过实测、模拟和理论计算的分析对比，同时也对前面的理论分析及推导过程给予了验证，为疏排桩-土钉墙组合支护的设计和应用提供了宝贵的依据。最后，在前面理论分析、现场实测和数值模拟的基础上，提出并形成了一套从设计、施工到检测监测的完整支护新工法。

通过理论分析、数值模拟和原位实测等综合研究，本书获得的主要结论如下：

（1）研究认为，疏排桩-土钉墙组合支护可有效地解决单一使用疏排桩或土钉墙的一些局限性，它在经济性与适用性中取得了良好的平衡，是一种很有发展前景的支护技术。

搅拌桩、微型桩及钢管桩等超前支护形式，尽管对面层的加固效果明显，但其抗剪能力较弱。密排布设时，所需桩数和施工工程量大，疏排布置时，桩间土体抗侧向挤出能力有限。复合土钉墙支护作用时，基坑的开挖深度及稳定性有限，控制及估算土钉墙位移幅度还有较大的限制。疏排桩-土钉墙组合支护，综合了桩、钉锚、撑、梁等多种支护的优点，优势互补，共同作用，可突破单独使用桩体或土钉墙的这些局限性，对开挖扰动后的基坑变形给予有效地控制。

（2）对疏排桩-土钉墙组合支护的构成及其机理给予了论述。

疏排桩-土钉墙组合支护是由多种单一支护形式组合而成的新型支护方式，可以充分利用各个支护形式的优点，使得变形得到很好地控制，其构成包括疏排桩、土钉、锚索、面层、撑梁等辅助结构。

土拱效应是疏排桩-土钉墙组合支护的重要特征之一，形成土拱是疏排桩-土钉墙组合支护技术可取得良好支护效果的关键。土拱主要作用是充分调动土体的自稳自承能力，使得拱后的土压力引起应力重分布，把作用于拱后或拱上的压力传递到拱脚疏排桩上或周围稳定的介质中去。

疏排桩的机理主要体现在挡土作用、支点作用、承力作用3个方面；土钉的作用机理主要为分担作用、骨架箍束作用、应力扩散和传递作用、以及坡面变形约束作用4个方面；锚索的作用机理主要反映在深层锚固作用、深部悬吊作用、注浆约束作用以及注浆后锚索沿长上的摩阻作用4个方面；面层的作用机理主要表现为坡面变形的约束作用和内力变形的协调作用。

（3）分析了疏排桩-土钉墙组合支护的一些影响因素。

对可能影响疏排桩-土钉墙组合支护的一些影响因素给予了分析，这些因素主要包括岩土特性、支护结构自身的性质和设计施工工艺等。

岩土的力学特性，是决定支护效果的根本性因素。支护结构的强度、刚度以及如直径、长度、间距、倾角等几何布设特性，也对支护效果有重要的影响。设计的选取原则、施工的区域性阶段性等工艺，也对支护结构的变形控制能力具有显著影响。

（4）分析了疏排桩-土钉墙组合支护时，土体参数的一些变化。

疏排桩-土钉墙组合支护作用时，随着支护结构和土体的相互作用，被支护土体的参数也会发生变化，被支护体弹性模量将提高，黏聚力将增大，内摩擦角也将有增大的趋势，但并不明显，实际计算时可忽略这一变化，近似认为被支护体的内摩擦角仍等于支护前土体的内摩擦角。

（5）对土拱引起的土压力重分布作用机理进行了研究，提出了疏排桩-土钉墙组合支护时的土压力计算模型。

在疏排桩-土钉墙组合支护中，桩间土体和桩后土体的不均匀变形，使得桩后土体内部会出现以桩体为拱脚的土拱。桩间土拱的作用，改变了主动土压力滑移面的形状。呈现为基坑某深度以上土体土拱作用强烈，为不同拱高的抛物柱面，深度以下土体抛物柱面与倾斜平面交汇面。

同时，土拱效应使得土体内部应力发生偏移和集中，使得土体呈现不同的应力状态，土体内部的不同应力分布，必然使得土体出现不同的变形特征。根据滑移面及土拱的传力路径，可将桩后土体分为 5 个区：自由区（Ⅰ区）、拱区（Ⅱ区）、桩间滑移区（Ⅲ区）、桩后滑移区（Ⅳ区）及稳定区（Ⅴ区）。

由于拱的作用，土压力发生重分布，距地面一定深度内具有较强土拱作用的土钉墙部分土压力部分传递到拱脚桩上，土压力减小，拱及桩承受两方面的压力比相对应的密排桩大，通过假设与公式推导可以计算出桩所承受的土压力为桩后土体土压力与及桩间土通过土拱所传导的土压力之和。在一定深度以下土拱作用较弱的部分，可以认为未发生土压力转移，可以按朗肯土压力计算。

（6）在对各实体的作用机理分析的基础上，对疏排桩-土钉墙支护结构的稳定性等进行了研究，提出了相应的稳定性计算思路和公式。

疏排桩-土钉墙组合支护结构的稳定性分析，有两种思路：一种思路是视疏排桩为强支点——拱脚，两桩之间的土钉墙视为拱的变形体。按该思路，整体稳定性可按桩锚体系进行计算，内部稳定性可按拱的要求和土钉墙模型进行计算。另一种思路是将疏排桩-土钉墙组合支护统一视为等效土钉墙，并按土钉墙的计算方法进行分析计算，与普通土钉支护的最大区别在于，此时的等效土钉墙的面板为刚度和强度较大的灌注桩，不仅有一个较大的插入深度，另外还有锚杆锚定。

土钉墙滑移面以上考虑土拱作用时，计算过程中需要考虑土拱效应，按桩及土拱组合体的抗弯弯矩进行换算。滑移面以下可视为未发生位移，无土拱作用，按朗肯土压力计算即可。

考虑土拱作用的疏排桩-土钉墙支护的整体稳定性分析，可按规范中的桩锚支护模型，采用"$m$"法进行计算，只是原朗肯土压力须用重分布后的土压力代替。稳定性分析考虑拱时，可将疏排桩视为强支点，两桩之间的土钉墙视为拱的变形体。整体稳定可按桩锚体系计算，内部稳定性按土钉墙计算，局部稳定性按拱的要求和模型计算。

（7）对疏排桩-土钉墙组合支护作用时的深大基坑进行了原位观测试验，为疏排桩-土钉墙组合支护的设计和施工提供了参考和依据。

从实测数据分析可知，疏排桩-土钉墙组合支护技术，能较好地协调桩锚土钉等各支护构件的支护特点和优势，利用土拱效应以充分发挥土体的自稳自承能力，有效控制基坑水平、垂直位移，对开挖后的基坑变形具有很好的控制效果。

（8）通过疏排桩-土钉墙组合支护结构稳定性分析及 FLAC-3D 模拟研究，认为疏排桩-土钉墙组合支护技术，具有较高的可靠性和稳定性，并且对基坑变形及其发展，具有很好的控制效果。

数值模拟可以发现，疏排桩-土钉墙组合支护作用的变形特征是，在水平方向上表现为"鼓肚"状分布，最大水平位移发生在基坑边坡中偏下的部位；在竖直方向上表现为类似"勺"状分布，其最大值发生在较靠近基坑开挖边线的一定范围内。因此，在疏排桩-土钉墙组合支护中，为有效地控制基坑变形和提高其稳定性，从上到下宜逐渐增大锚索的预应力。对于放坡疏排桩-土钉墙支护结构，基坑坡脚及基坑底靠近坡脚的位置为受力最薄弱的位置，设计时应加强对坡脚的设计。

同时，还发现疏排桩-土钉墙支护结构的基坑土体塑性区随开挖过程逐渐发展、扩大，由坡顶逐渐向坡脚发展，在局部区域可能出现应变集中的现象；随着基坑的进一步开挖，塑性区集中在靠近坡脚处，并在水平方向逐渐向靠近坑壁和远离坑壁两个方向发展，最终各塑性区贯通连接。

（9）在理论分析的基础上，编制出了疏排桩-土钉墙组合支护的设计计算软件一套，该软件的分析计算结果具有很好的可比性。

以第 3 章理论分析的研究成果为计算原理，编制了可以用来设计疏排桩-土钉墙组合支护、单一复合土钉墙支护、排桩锚杆支护，或对现有的疏排桩-土钉墙组合支护、单一复合土钉墙支护、排桩锚杆支护的力学特性给予分析的软件一套。通过和实测资料对比，该软件分析计算的结果准确，可比性较好，完全可以用于基坑设计、变形分析等工程实践。

一定程度上，也说明了本项目对疏排桩-土钉墙组合支护时的土压力、变形、稳定性等理论分析的正确性。

（10）综合理论分析、数值模拟和现场实测的结果，形成并提出了一套较完整、科学、合理，具有较高理论、实用价值的工法设计与施工体系，研制了自钻注浆式锚杆和无腰梁预应力锚索。

系统地对该工法的定义、适用范围、主要特点、土压力分布及计算、作用机理、稳定性计算模型及计算和变形特性进行了分析与总结。

本书将给基坑边坡等挡土工程提供一套新的完整的支护工艺，该工艺结合了排桩、土钉墙等多种支护方法的优点，优势互补，共同作用，打破了单一排桩、土钉墙等其他支护技术自身的一些缺点，以及未能很好地调动土体自稳自承能力这一不足。研究成果也丰富了现有支护理论体系和施工工艺，对开挖扰动后的土体变形具有很好的控制效果；对提高挡土工程的整体水平，避免事故，具有显著的社会、经济和环境效益。本书研究成果，具有广阔的市场前景，已经在深圳市、广州市等一系列深大基坑工程中得到应用，并取得了很好的变形控制效果和显著的经济效益。该技术除具有很好的直接应用价值外，还有较强的应用扩展性，可扩展到其他类似地下工程设计，在建筑行业中有较强的带动性。

# 参 考 文 献

[1] 陈肇元，崔京浩. 土钉支护在基坑工程中的应用 [M]. 北京：中国建筑工业出版社，1997.

[2] 曾宪明，黄久松，王作明等. 土钉支护设计与施工手册 [M]. 北京：中国建筑工业出版社，2000.

[3] 闫莫明，徐祯祥，苏自约. 岩土锚固技术手册 [M]. 北京：人民交通出版社，2004.

[4] 龚晓南，高有潮. 深基坑工程设计施工手册 [M]. 北京：中国建筑工业出版社，1998.

[5] 赵锡宏，李蓓，杨国祥等编. 大型超深基坑工程实践与理论 [M]. 北京：人民交通出版社，2005.

[6] 深圳地区建筑深基坑支护技术规范 SJG 05—96 [S]. 深圳，1996.

[7] 杨志明，姚爱国. 杆系有限元法求解复合土钉支护结构的位移 [J]. 煤田地质与勘探，2002 (5).

[8] 张明聚，宋二祥，陈肇元. 土钉挡土技术 [J]. 中南公路工程，1998，(1-2).

[9] 杜飞，陈志龙. 软土地层中基坑复合土钉支护的变形性能分析 [J]. 清华大学学报（自科版），2000 (S1).

[10] 李本强. 土钉支护变形预测的神经网络方法 [J]. 五邑大学学报（自然科学版），2000，14 (3)：18-21.

[11] 曾庆响，肖芝兰. 灰色系统理论在土钉支护变形预测中的应用 [J]. 建筑科学，2001，5：37-40.

[12] 李海坤，杨敏. 土钉墙变形与稳定性关系初探 [J]. 建筑技术开发. 2003，30 (2)：15-16，40.

[13] 林希强. 基坑复合土钉支护全过程内力及变形研究 [D]. 中国地质大学博士论文，2003.

[14] 李象范，徐水根. 复合型土钉挡墙的研究 [J]. 上海地质，1999 (3).

[15] 宋二祥，邱玥. 复合土钉支护变形特性的有限元分析 [J]. 建筑施工，2001 (6)：370-374.

[16] 《桩基工程手册》编写委员会. 桩基工程手册 [M]. 北京：中国建筑工业出版社. 1997.

[17] 刘建航，候学渊. 基坑工程手册 [M]. 北京：中国建筑工业出版社，1997

[18] 厚美瑛，陆坤权. 奇异的颗粒物质 [J]. 新材料产业，2001，(2)：26-28

[19] Terzanhi K. Theoretical Soil Mechanics [M]. New York：John Wiley & Sons, Inc. 1943

[20] Terzaghi K. Record earth pressure wall testing machine. Engineering News Record，109 (September，29)：365-369. 1932.

[21] Terzaghi K. Large retaining wall tests I -Pressure of dry sand. Engineering News Record，1934，112 (February，1)：136-140..

[22] Ladanyi B., Hoyaux B. A study of the trap door problem in agranular mass [J]. Canadian Geotechnical Journal. 1969，6 (1)：1-14

[23] Vardoulakis I., Graf B. Trap door problem with dry sand：a statically approach based upon model kinematics [J]. Int J Namer Analy Mech. Geomech，1981，(5)：57-58

[24] Koutsabeloulis N. C., Griffiths D. V. Numerical modeling of the trap door problems [J]. Geotechnique. 1989，39 (1)：77-89

[25] 吴子树，张利民，胡定. 土拱的形成机理及存在条件的探讨 [J]. 成都科技大学学报，1995，2：15-19.

[26] 贾海莉，王成华，李江洪. 基于土拱效应的抗滑桩与护壁桩的桩间距分析 [J]. 工程地质学报，2004，12 (1)：98-103.

[27] 孙河川，张鏖，施仲衡. 喷锚支护与隧道自承拱的机理 [J]. 岩土工程学报，2004，26 (4)：490-494.

[28] 叶晓明. 柱板结构挡土墙板上的土压力计算方法 [J]. 地下空间，1999，19 (2)：142-146.

[29] 杨锡武，张永兴. 山区公路高填方涵洞的成拱效应及土压力计算理论研究 [J]. 岩石力学与工程学报，2005，24 (21)：3887-3893.

[30] 夏志成，凡甘. 卸荷拱承载力计算研究 [J]. 西部探矿工程，2006，(12)：178-179，182.

［31］ 尤昌龙. 加筋土中的土拱［J］. 路基工程，1996；（4）：47-51.

［32］ 杨雪强，何世秀，余天庆. 提高挡土墙设计精度的若干方法［J］. 湖北工学院学报，1996，11（2）：19-27.

［33］ 杨雪强，何世秀，庄心善. 土木工程中的土拱效应［J］. 湖北工学院学报，1994，9（1）：1-7.

［34］ 张建勋，陈福全，简洪钰. 被动桩中土拱效应问题的数值分析［J］. 岩土力学，2004，25（2）：174-179.

［35］ Bowles J E. Foundation Analysis and Design（Third Edition）［M］. New York：McGraw Hill，1982.

［36］ Bowles J E. Analytical and Computer Methods in Foundation Engineering［M］. New York：McGraw Hill，1974.

［37］ 张建华，谢强，张照秀. 抗滑桩结构的土拱效应及其数值模拟［J］. 岩石力学与工程学报，2004，23（4）：699-703.

［38］ Wang W. L.，Yen B. C. Soil arching in slopes. Journal of Geotechnical Engineering division，ASCE，1974，104（GT4）：493-496.

［39］ Ono K.，Yamada M. Analysis of the arching action in granular mass Geotechnique. 1993，43（1）：105-120.

［40］ Handy R. L. The arch in soil arching. Journal of Geotechnical Engineering，1985，111（3）：302-318.

［41］ Park K. H.，Salgado R. Estimation of active earth pressure against rigid retaining walls considering arching effect. Geotechnique，2003，53（7）：643-653.

［42］ Adachi T.，Kimura M.，Tada S. Analysis on the preventive mechanism of landslide stabilizing piles. 3rd int. Symp. on Numerical Models in geomechanics，1979，691-698.

［43］ Kellogg C. G. Discussion-the arch in soil arching. Journal of Geotechnical Engineering，1987，113（3）：269-271.

［44］ 韩爱民，肖军华，梅国雄. 被动桩中土拱形成机理的平面有限元分析［J］. 南京工业大学学报（自然科学版），2005，27（3）：89-92.

［45］ Chen C. Y.，Martin G. R. Soil-structure interaction for landslide stabilizing piles. Computers and Geotechnics，2002，29（5）：363-386.

［46］ 胡敏云. 深基坑桩排式支护桩侧土压力及设计方法研究［D］. 西南交通大学博士论文，1998.

［47］ 胡敏云，夏永承，高渠清. 无锚撑桩排式支护护壁桩侧土压力计算方法［J］. 岩石力学与工程学报，2000，19（4）：571-521.

［48］ 胡敏云，夏永承，高渠清. 桩排式支护护壁桩侧土压力计算原理［J］. 岩石力学与工程学报，2000，19（3）：376-379.

［49］ 王成华，陈永波，林立相. 抗滑桩间土拱力学特性与最大间距分析［J］. 山地学报，2001，19（6）：556-559.

［50］ 朱碧堂，刘一亮. 基坑开挖和支护中的土拱效应［J］. 岩土工程师，2001，13（1）：1-4.

［51］ 朱碧堂，温国炫，刘一亮. 基坑开挖和支护中土层拱效应的理论分析［J］. 建筑技术，2002，33（2）：97-98.

［52］ 安关峰. 深基坑疏桩支护应用分析［J］. 岩石力学与工程学报，2004，23（6）：1 044-1048.

［53］ 周德培，肖世国，夏雄. 边坡工程中抗滑桩合理桩间距的探讨［J］. 岩土工程学报，2004，26（1）：132-135.

［54］ OSSCHER B，PETER J，GRAY，DONALD H. Soil arching in sandy slopes［J］. Journal of Geotechnical Engineering，1986，112（6）：626-645.

［55］ Stocker M. F.，et al. Soil Nailing. Proc. Int. Conf. On Soil Reinfocement，Paris，1979.

［56］ Schlosser F. Behavior and Design of Soil Nailing. Proc. of Symposium on Recent Developments in

Ground Improvement Techniques. Bangkok，nov. 29，1982.

[57] 程良奎，杨志银. 喷射混凝土与土钉墙 [M]. 北京：中国建筑工业出版社，1998.

[58] Plamelle C.，Schlosser F. French National Research Project on Soil Nailing CLOUTERRE, Geotechnical Special Publication，No. 25，ASCE，1990.

[59] 赵永伦，黄院雄. 土钉墙稳定性分析的滑动楔块法 [J]. 地下空间，1999（3）.

[60] 周川杰. FLAC-2D 进行复合土钉支护稳定性分析 [J]. 岩土工程界，2002，5（6）：39 - 41.

[61] 陈昌富. 深基坑土钉墙内部稳定性计算新方法 [J]. 湖南大学学报（自然科学版），2000（3）.

[62] Atkinson J. H.，Pons D. M. Stability of a shallow circular tunnel in cohesionless soil, Geotechnique，1977，27（2）：203-215.

[63] Bang S. Active earth pressure behind retaining walls. Journal of Geotechnical Engineering，1984，111（3）：407-412.

[64] Bang S.，Kroetch P. P.，Shen C. K. Analysis of soil nailing system. Earth Reinfnrcement Practice，Ochiai，1992.

[65] 曹振民. 挡土墙填土曲线破裂面主动土压力分析 [J]. 中国公路学报，1995，8（1）：7-14.

[66] 何颐华，杨斌，金宝森等. 深基坑护坡桩土压力的工程测试及研究 [J]. 土木工程学报，1997，30（1）：16-24.

[67] 王乾坤，抗滑桩的桩间土拱和临界间距的讨论 [J]. 武汉理工大学学报，2005（8）.

[68] Bransby M. F. Difference between load-transfer relationships for Laterally loaded pile groups：active p-y or passive p-δ. Journal of Geotechnical Engineering，1996，122（12）：1015-1018.

[69] Bransby M. F.，Springman S. M. 3-D finite element modeling of pile group adjacent to surcharge loads. Computers and Geotechnics，1996，19（4）：301-324.

[70] 吴忠诚，杨志银，罗小满，等. 疏排桩-土钉墙组合支护结构稳定性分析 [J]. 岩石力学与工程学报，2006，25（S2）：3607-3613.

[71] 吴忠诚，汤连生，廖志强，等. 深基坑复合土钉墙支护 FLAC-3D 模拟及大型现场原位测试研究 [J]. 岩土工程学报，2006，28（S1）：1460-1465.

[72] Bridle R. J. Soil Nailing-Analysis and Design, Ground Engineering，1989，22（9）.

[73] Byrne R. J. Soil Nanling-Simplified Kinematic Analysis Geotechnical Special Publication, Vol. 2，No. 30，ASCE，1992.

[74] Chang M. F. Lateral earth pressure behind rotating wall. Canadian Geotechnical Journal，1997，34（2）：498-509.

[75] Ho C. L.，et al. Field Performance of a Soil Nail System in Loess. Foundation Engineering, Current Principles and Practice，GSP No. 3l，ASCE，1989.

[76] Elias V.，Juran I. Soil Nailing for Stabilization of Highway Slopes and Excavations. Publication No. FH-WA-RD-89-193，June，1991.

[77] GB/T 50123—1999 土工试验方法标准 [S].

[78] 吴忠诚，汤连生，刘晓刚，张庆华，刘允文. 复合土钉墙大型现场测试及变形性状分析研究. 岩土力学与工程学报. 2007，26（S1）：2974-2980.

[79] 刘波，吴仲诚，肖士颖，刘晶. 地下连续墙槽壁的稳定计算及防止塌方措施 [J]. 北京冶金年会论文集（下），1998.10

[80] 中华人民共和国行业标准. 建筑基坑工程技术规范 YB 9258—97 [S]. 北京：冶金工业出版社，1997.

[81] 中华人民共和国行业标准. 建筑基坑支护技术规范 JGJ 120—99 [S]. 北京：中国建筑工业出版社，1999.

［82］ Ito T. , Matsui T. Methods to estimate lateral force acting on stabilizing piles ［J］. Soils and Foundations，1975，15（4）：43-59.

［83］ Schlousser F. , et al. French Research Program CLOUTERRE on Soil nailing. Geotechnical Spec，Vol. 2，No. 30，ASCE，1992.

［84］ Schlosser F. , et al. Soil Naining in France-Research and Practice. Transportation Rsesearch Record 1330，Transportation Research Board，Washington，D. C.

［85］ Shen C. K. , Bang S. , Herrman. Ground Movement Analysis of Earth Support System. J. Geotech. Eng. Division，ASCE，1981，107（2）.

［86］ 蒋波. 挡土结构土拱效应及土压力理论研究 ［D］. 浙江大学博士论文，2005.

［87］ 贾金青，张明聚. 深基坑土钉支护现场测试分析研究 ［J］. 岩土力学，2003，24（3）：413-416.

［88］ 金钢锋，屠毓敏，阮长青. 土钉墙基坑支护中疏排桩抗滑效应研究 ［J］. 岩土力学，2005，26（4）：577-579.

［89］ Juran L. , et al. Design of Soil Nailed Retaining Structurse. Geotechnical Special Publication，No. 25，ASCE，1990.

［90］ Karl T. Theoretical soil mechanics（4th edition）［M］. New York：John Wiley & Sons，1947：66-76.

［91］ Kingsley H. W. Arch in soil arching. Journal of Geotechnical Engineering，1989，115（3）：415-419.

［92］ Kumar J. Seismic passive earth pressure coefficients for sand. Canadian Geotechnical Journal，2001，38（4）：876-881.

［93］ Liang R. , Zeng S. Numerical study of soil arching mechanism in drilled shafts for slope stabilization. Soils and Foundations，2002，42（2）：83-92.

［94］ 梁向前，程敦伍，陈庆寿. 土钉支护的有限元模拟计算 ［J］. 岩土工程界，2003，6（11）：29-31.

［95］ 刘国彬，黄院雄，候学渊. 水与土压力的实测研究 ［J］. 岩石力学与工程，2000，19（2）：205-210.

［96］ Ernesto M. Generalized Coulomb active-earth pressure for distanced surcharge. Journal of Geotechnical Engineering，1994，120（6）：1072-1079.

［97］ Fang Y. S. , Chen T. J. , Wu B. F. Passive earth pressure with various wall movement. Journal of Geotechnical and Geoenvironmental Engineering，1994，120（8）：1307-1323.

［98］ 张明聚，宋二祥. 土钉支护变形性能的有限元分析 ［J］. 土木工程学报，1999，32（6）：59-63.

［99］ 薛丽影，杨斌. FLAC 在复合土钉支护变形分析中的应用 ［J］. 建筑科学，2005，21（6）：95-100.

［100］ 朱大勇，钱七虎. 极限平衡法计算土压力系数的新途径 ［J］. 土木工程学报，2000，33（1）：63-68.

［101］ Vermeer P. A. , Punlor, A. , Ruse N. Arching effects behind a soldier pile wall. Computers and Geotechnics，2001，28（6-7）：379-396.

［102］ Vaziri H. H. A simple numerical model for analysis of propped embedded retaining walls. International Journal of Solids Structures，1996，33：2357-2376.

［103］ 张明聚，宋二祥，陈肇元，崔京浩. 土钉支护三维非线性有限元分析 ［J］. 工程力学，1998（增刊）.

［104］ 赵永平. 具有倾斜表面的黏性土土压力计算 ［J］. 西安公路交通大学学报，1998，18（4）：32-36.

［105］ 宋二祥，陈肇元. 土钉支护及其有限元分析 ［J］. 工程勘察，1996（2）：1-5.

［106］ Gassler G. , Gudenhus G. Soil Nailing-Some A spects of a New Technique，Proc. ICSM EF，Vol. 3，1981.

[107] Gnanaprgasam N. Active earth pressure in cohesive soils with an inclined ground surface. Canadian Geotechnical Journal, 2000, 37 (1): 171-177.

[108] Jean. Louis Briaud and Yujin Lin. Soil-Nailed Wall Under Piled Bridge Abutment. ASCE, Journal of Geotechnical and Geoenvironmental Engineering, 123 (11), 1997.

[109] Hazarika H., Matsuzawa H. Wall displacement modes dependent active earth pressure analyses using smear shear bang method with two bands. Computers and Geotechnics, 1996, 19 (3): 193-219.

[110] Matsuzawa H., Hazarika H. Analyses of active earth pressure against rigid retaining wall. Soils and Foundations, 1996, 36 (3): 51-65.

[111] Matusi T., Hong W. P., Ito T. Earth pressures on piles in a row due to lateral soil movements [J]. Soils and Foundations, 1982, 22 (2): 71-80.

[112] Smith I. M. Three-dimensional analysis of reinforced and nailed soil. In: Pande, Pietruszczak, eds. Numerical models in geomechanics, Balkema, Rotterdam, 1992.

[113] Nakai T. Finite element computations for active and passive earth pressure problems of retaining wall. Soils and Foundations, 1985, 25 (3): 99-112.

[114] Richard L. H. The arch in soil arching [J]. Journal of Geotechnical Engineering. 1985, 111 (3): 302-318.

[115] Schlosser F., etc. French Research Project on Soil Nailing, Geotechnical Special Publication. Vol. 2 No. 30, ASCE, 1992.

[116] 梅国雄, 宰金珉. 考虑变形的朗肯土压力模型 [J]. 岩石力学与工程学报, 2001, 20 (6): 8s 1-8s3.

[117] 梅国雄, 宰金珉. 考虑位移影响的土压力近似计算方法 [J]. 岩土力学, 2001, 22 (1): 83-8s.

[118] 宋建学, 周同和. 基坑工程采用复合土钉支护的变形机理分析 [J]. 建筑施工, 2001, 23 (6).

[119] 孙铁成, 张明聚, 杨 茜. 深基坑复合土钉支护模型试验研究 [J]. 岩石力学与工程学报, 2004, 23 (15): 2585-2592.

[120] 屠毓敏. 土钉支护中超前锚杆的工作机理研究 [J]. 岩土力学, 2003, 24 (3): 198-201.

[121] 屠毓敏, 金志玉. 基于土拱效应的土钉支护结构稳定性分析 [J]. 岩土工程学报, 2005, 27 (7): 792—795.

[122] 王建党, 贾立洪, 秦四清, 李造鼎. 深基坑土钉支护抗拔机理 [J]. 东北大学学报 (自科版), 1999 (1).

[123] 王士川, 陈立新. 抗滑桩间距的下限解 [J]. 工业建筑, 1997, 27 (10): 32-36.

[124] 魏汝龙. 开挖卸载与被动土压力计算 [J]. 岩土工程学报, 1997, 19 (6): 88-92.

[125] 魏汝龙. 库仑土压力理论在黏性土中的应用. 岩土工程学报, 1998, 20 (3): 80-84.

[126] Smith I M, Su N. Three-dimensional FE analysis of a nailed soil wall curved in plan [J]. Int J Numer Anal Meth Geomech, 1997.

[127] 徐钟鹤. 挡土墙黏性土土压力理论公式的提出与推演 [J]. 河海大学学报, 2001, 29 增: 264-267.

[128] 杨光华. 深基坑开挖中多支撑支护结构的土压力问题 [J]. 岩土工程学报, 1998, 20 (6): 113-115.

[129] 尉希成. 支挡结构设计手册 [M]. 北京: 中国建筑工业出版社. 1999.

[130] 吴能森, 郑建荣. 人工挖孔围护桩受力机理的研究与探讨 [J]. 岩土工程技术, 1997, (3): 26-30.

[131] 席培胜. 谈对土钉支护设计计算方法的改进 [J]. 工程建设与档案, 2003 (1).

［132］ 谢康和，周健. 岩土工程有限元分析理论与应用［M］. 北京：科学出版社，2002.

［133］ Ishihara K., Arakawa T., Saito T., et al. Study on earth pressure by using a large-size soil box with a movable wall. 30th Japan National Conf. On SMFE：1717-1720，1995.

［134］ Juran I., et al. Design of Soil Nailing Structures, in Design and Performance of Earth Retaining Structures, Geo technical Special Publication No. 25，ASCE，1990.

［135］ Juran H., et al. Kinematicl Lim it Analysis for Design of Soil Nailed Structures. J. Geo tech. Eng., ASCE，1990，116（1）.

［136］ 周应英，任美龙. 刚性挡土墙主动土压力的试验研究［J］. 岩土工程学报，1990，12（2）：19-26.

［137］ 朱大勇，周早生，钱七虎. 土体主动滑动场及主动土压力的计算［J］. 计算力学学报，2000，17（1）：98-104.